高等学校电子信息类教材

数字逻辑电路实验
（第2版）

Digital Logic Circuit Practice, 2nd Edition

刘 霞 李 云 魏青梅 编著

电子工业出版社
Publishing House of Electronics Industry
北京·BEIJING

内 容 简 介

本书是依据高等工科院校数字电路逻辑设计课程教学大纲的基本要求,并结合作者多年的科研与教学经验编写而成的。本书详细讲解了数字逻辑电路实验及其实验基础,每项实验内容包括典型芯片的功能及应用、数字电路的逻辑仿真、基于可编程器件实现常见电路的 VHDL 程序设计与仿真以及电路故障诊断方法。在实验内容安排上考虑与理论教学的同步,注重学生实际工程设计能力的培养,减少验证性实验,增加设计性和综合性实验,增加了数字电路应用设计。

本书可作为高等院校电子信息类、计算机科学与技术、自动控制等专业本科生、专科生的实验教材,也可供从事电路设计和研发的工程技术人员阅读或参考。

本书配有教学课件(电子版),任课教师可从华信教育资源网(www.hxedu.com.cn)上免费注册后下载。

未经许可,不得以任何方式复制或抄袭本书之部分或全部内容。
版权所有,侵权必究。

图书在版编目(CIP)数据

数字逻辑电路实验 / 刘霞,李云,魏青梅编著. —2 版. —北京:电子工业出版社,2015.4
高等学校电子信息类教材
ISBN 978-7-121-25761-2

Ⅰ. ①数… Ⅱ. ①刘… ②李… ③魏… Ⅲ. ①数字电路-逻辑电路-实验-高等学校-教材
Ⅳ. ①TN79-33

中国版本图书馆 CIP 数据核字(2015)第 060971 号

责任编辑:张来盛(zhangls@phei.com.cn)
印　　刷:北京天宇星印刷厂
装　　订:北京天宇星印刷厂
出版发行:电子工业出版社
　　　　　北京市海淀区万寿路 173 信箱　邮编　100036
开　　本:787×1 092　1/16　印张:14.5　字数:370 千字
版　　次:2009 年 7 月第 1 版
　　　　　2015 年 4 月第 2 版
印　　次:2015 年 4 月第 1 次印刷
印　　数:2 500 册　定价:36.00 元

凡所购买电子工业出版社图书有缺损问题,请向购买书店调换。若书店售缺,请与本社发行部联系,联系及邮购电话:(010) 88254888。
质量投诉请发邮件至 zlts@phei.com.cn,盗版侵权举报请发邮件至 dbqq@phei.com.cn。
服务热线:(010) 88258888。

第 2 版前言

本书是在 2009 年编写的《数字逻辑电路实验》基础上修订再版的。在第 1 版出版后的几年里，电子技术、EDA 仿真及可编程技术都有了很大发展，为了及时反映电子技术领域的新技术、新方法和我们在该课程领域教学改革的新成果，对第 1 版进行了修订。

这次修订的基本思路是：打破传统教材体系结构，探索 EDA 技术与数字电路实验的紧密结合；重视实验基本技能的教学，加强设计性教学环节，从单元实验电路设计入手，逐步过渡到课程综合电路的设计与应用；克服学生开始进行电路设计时的畏难情绪，激发他们主动实践的学习兴趣，从而逐步提高学生的实际动手能力、理论联系实际的能力、独立分析和解决问题的能力、工程设计能力和创新思维能力。

第 2 版与第 1 版相比，主要在以下几个方面做了调整和修改：

（1）对教材的编写体系结构进行了调整。删去了第 6 章的英语教学内容，将 8.5 节部分常用仪表的使用放到第 1 章的 1.4 节，8.6 节部分常用集成电路资料作为附录，使全书的整体结构更加统一合理。全书内容按照"数字电路实验基础→集成逻辑门电路→组合逻辑电路→时序逻辑电路→混合电路→数字电路应用设计→数字电路实验常用软件及器件→附录"的体系结构编写，并对各章的内容进行了优化。从基础实验开始，逐步安排若干典型的单元电路设计与实验、课程综合电路设计及应用，先易后难，加强指导性内容，使学生能够快速掌握所学知识。

（2）突破了传统实验电路教材的编写方法，按培养学生的能力层次编排实验教学项目。在每个章节的实验内容安排上重点放在实验基础知识、实验内容的 EDA 仿真、功能测试与硬件实现、基于 VHDL 的电路设计与仿真、常见故障分析及诊断上，层次清晰，内容丰富，指导性强。

（3）将电路仿真、基于 VHDL 的电路程序设计与可编程器件渗透到具体的实验内容中，教学起点高，使学生能够更好地将所学知识融会贯通，更快地掌握现代电子技术的设计方法与实验技能。

（4）在保证第 1 版教材特点的基础上，为适应电子技术的发展，对仿真软件、开发平台、主流器件进行了更新和修改。例如，7.1 节介绍了仿真功能更加强大的 Multimu 11，采用软件介绍、虚拟仿真、真实电路和虚实对比的编写思路，更好地将 EDA 技术与数字电路实验结合起来；7.2 节选用了低成本和高性能的 EP4CE6E22C8 器件代换 ACEX1K30 可编程逻辑器件；7.4 节选用了更先进实用的 PLD 开发软件 QuartusII13.1，详细介绍该软件的电路设计与开发流程。

参加第 2 版编写工作的有刘霞、李云和魏青梅，具体分工如下：刘霞编写第 1、3、5、6 章并负责全书的修改定稿，李云编写第 4、7 章和全书基于 VHDL 的电路设计与仿真，魏青梅编写第 2 章、附录和本书的课件。

本书第 2 版得到了空军工程大学信息与导航学院教务办、教保办和信息侦察教研室的关怀和大力支持，侯传教副教授和李宇博讲师在第 1 版的编写中做了大量的工作，对第 2 版的编写工作也给予了热情支持，熊伟副教授对第 7 章 Multisim11 的编写提供了大量的资料。在本书出版之际，谨向他们致以最诚挚的谢意。也感谢电子工业出版社领导和相关编辑对本书编写、出版的支持与帮助。

感谢读者多年来对本书的关心、支持与厚爱。本书的编写一定还存在不少缺点和不足，恳请读者批评指正。

编 者

2014 年 12 月于西安

第 1 版前言

电子技术是高等工科院校实践性很强的技术基础课程,为培养高素质的专业技术人才,在理论教学的同时,必须十分重视和加强实践性教学环节。如何在实践教学过程中培养学生的实验能力、实际操作能力、独立分析问题和解决问题的能力、创新思维能力和理论联系实际的能力是高等工科院校着力探索与实践的重大课题。

本书是为高等学校自控类、电子类和其他相近专业而编写的实验教材。在编写的过程中,参照教育部高等学校电子信息与电气学科教学指导委员会、电气基础课程教学指导委员会提出的"数字电路与逻辑设计"课程教学基础要求而编写。

本书内容包括数字电路实验的基础知识、数字门电路、组合逻辑电路、时序逻辑电路、混合电路、Experiments of Digital Circuits、数字电路应用设计与数字电路实验参考资料,详细介绍了数字逻辑电路的类型及使用常识,典型芯片的功能,并对常见的数字电路进行了逻辑仿真,对电路实际测试提出指导,给出了基于可编程器件实现常见电路的 VHDL 程序及仿真,以及电路故障的诊断方法。为便于双语学习,用英语编写了本书部分实验内容。在实验安排上既考虑与理论教学保持同步,又注重学生实际工程设计能力的培养,减少验证性实验,增加设计性、综合性实验,给学生留出发展个性和创新的空间。在内容的编排上着力做到多一点启发,多一点引导,多一点设计和实验举例,多一些思路上的提示。本教材特色:

(1)以"保证基础,体现先进,联系实际,引导创新"为指导思想,紧紧围绕数字电路设计和应用的主线,教辅结合,融入应用工具软件。

(2)选题针对课程特点,根据教学要求,在编写中注重学习能力的提高,融知识与技能、过程与方法、情感态度与价值观于一体。

(3)打破传统教材体系结构,按培养学生的能力层次编排实验教学项目。

(4)对实验项目进行了精选,删去了部分过于陈旧的传统实验项目,合并了部分基础实验,增加教学信息量,加大基础训练内容,提高教学起点。

(5)探索 EDA 技术与数字电路实验的结合,在实验层次编排上将电路仿真与可编程器件渗透到具体的实验中。

需要说明的是,本书的一些电路图取自 Multisim 等软件,因此保留了其原形,其中一些元器件的符号与现有的国家标准有一定差异。

本书第 4 章、第 7 章、6.6 节、8.2 节、8.3 节、8.4 节及全书中基于可编程器件实现常见电路的 VHDL 程序和仿真由侯传教编写,第 3 章、第 5 章及 8.5 节由刘霞编写,第 1 章及 7.1 节、7.2 节由杨智敏和刘颖编写,第 2 章、8.1 节、8.6 节及本书的课件由魏青梅编写,第 6 章由李宇博编写,戴旭瑞、吕静和李娜同学参与了资料的整理,全书由侯传教统稿。空军工程大学电讯工程学院训练部副部长高利平副教授在百忙中审阅了全书并提出了修改意见,孟涛副教授、王宽仁副教授及杨永民老师分别审阅了部分章节,空军工程大学电子线路教研室的老师对本教材提出了许多宝贵的意见和修改建议,在此一并表示感谢。在本书的编写过程中,参考了大量的国内外著作和有关院校的部分实验内容,并引用了其中一些资料,难以一一列举,在此表示衷心感谢。

由于编者水平有限,书中必有许多不妥之处,敬请读者批评指正。

编 者

2009 年 6 月于西安

目　录

第 1 章　数字电路实验基础 (1)

1.1　概述 (1)
1.2　实验的基本过程 (2)
- 1.2.1　实验预习 (2)
- 1.2.2　实验中的 EDA 仿真 (2)
- 1.2.3　实验操作规范 (3)
- 1.2.4　布线原则 (3)
- 1.2.5　数字电路测试 (4)
- 1.2.6　数字电路的故障查找和排除 (4)
- 1.2.7　实验记录和实验报告 (6)

1.3　数字集成电路简介 (7)
- 1.3.1　概述 (7)
- 1.3.2　TTL 集成电路的特点和工作条件 (7)
- 1.3.3　TTL 集成电路使用须知 (8)
- 1.3.4　CMOS 集成电路的特点 (8)
- 1.3.5　CMOS 集成电路使用须知 (9)
- 1.3.6　数字 IC 器件的封装 (9)
- 1.3.7　数字电路逻辑状态 (9)

1.4　数字电路常用仪表的使用 (10)
- 1.4.1　数字示波器 DS1052E (10)
- 1.4.2　ICT-33C 数字集成电路测试仪 (12)
- 1.4.3　逻辑笔 (16)
- 1.4.4　数字电路实验箱 (17)

第 2 章　集成逻辑门电路 (19)

2.1　集成逻辑门电路实验目的与要求 (19)
2.2　集成逻辑门电路基础知识 (19)
- 2.2.1　集成逻辑门电路的类型及特点 (19)
- 2.2.2　典型门电路芯片 (20)
- 2.2.3　TTL 门电路的主要参数 (22)
- 2.2.4　集成门电路的使用规则 (23)

2.3　门电路的 EDA 仿真 (24)
2.4　集成逻辑门功能测试 (26)
2.5　门电路故障的分析及诊断 (30)
2.6　实验报告及思考题 (31)

第3章 组合逻辑电路 (32)

3.1 全加器 (32)
3.1.1 全加器实验目的与要求 (32)
3.1.2 全加器基础知识 (32)
3.1.3 全加器的EDA仿真 (34)
3.1.4 全加器电路 (36)
3.1.5 基于VHDL实现1位全加器 (37)
3.1.6 组合逻辑电路故障检测 (38)
3.1.7 实验报告及思考题 (38)

3.2 译码器 (39)
3.2.1 译码器实验目的与要求 (39)
3.2.2 译码器基础知识 (39)
3.2.3 译码器的EDA仿真 (44)
3.2.4 译码器电路 (46)
3.2.5 基于VHDL实现的3-8线译码器 (47)
3.2.6 组合逻辑电路故障判断方法 (48)
3.2.7 实验报告及思考题 (49)

3.3 数据选择器 (50)
3.3.1 数据选择器实验目的与要求 (50)
3.3.2 数据选择器基础知识 (50)
3.3.3 数据选择器的EDA仿真 (53)
3.3.4 数据选择器电路 (53)
3.3.5 基于VHDL实现的8选1数据选择器 (56)
3.3.6 实验报告及思考题 (57)

第4章 时序逻辑电路 (59)

4.1 触发器 (59)
4.1.1 触发器实验目的与要求 (59)
4.1.2 触发器基础知识 (59)
4.1.3 触发器的EDA仿真 (62)
4.1.4 基本触发器电路 (66)
4.1.5 基于VHDL实现的JK触发器 (68)
4.1.6 触发器常见故障分析及诊断 (69)
4.1.7 实验报告及思考题 (69)

4.2 移位寄存器 (69)
4.2.1 移位寄存器实验目的与要求 (69)
4.2.2 移位寄存器基础知识 (69)
4.2.3 移位寄存器的EDA仿真 (72)
4.2.4 移位寄存器电路 (77)
4.2.5 基于VHDL实现的8位移位寄存器 (78)

        4.2.6 移位寄存器常见故障分析及诊断 ··· (79)
        4.2.7 实验报告及思考题 ··· (80)
    4.3 计数器 ·· (80)
        4.3.1 计数器实验目的与要求 ·· (80)
        4.3.2 计数器基础知识 ··· (80)
        4.3.3 由 D 触发器构成 4 位异步二进制计数器的仿真及硬件实现 ············· (81)
        4.3.4 常用集成计数器的仿真及功能测试 ··· (83)
        4.3.5 N 进制计数器的仿真及硬件实现 ·· (91)
        4.3.6 基于 VHDL 实现的 4 位二进制计数器 ······································· (96)
        4.3.7 计数器常见故障分析及诊断 ·· (97)
        4.3.8 实验报告及思考题 ·· (98)

第 5 章 混合电路 ·· (99)
    5.1 脉冲产生与整形电路 ·· (99)
        5.1.1 实验目的与要求 ·· (99)
        5.1.2 基础知识 ·· (99)
        5.1.3 脉冲产生与整形电路的 EDA 仿真 ·· (109)
        5.1.4 脉冲产生与整形电路的测试与设计 ·· (114)
        5.1.5 实验报告及思考题 ··· (117)
    5.2 模/数与数/模转换电路 ·· (117)
        5.2.1 实验目的与要求 ·· (117)
        5.2.2 基础知识 ··· (117)
        5.2.3 模/数与数/模转换电路的仿真 ··· (119)
        5.2.4 模/数与数/模转换电路的测试与设计 ·· (122)
        5.2.5 实验报告及思考题 ··· (125)
    5.3 半导体存储器——静态随机存储器实验 ··· (125)
        5.3.1 实验目的与要求 ·· (125)
        5.3.2 存储器基础知识 ·· (125)
        5.3.3 存储器的 EDA 仿真 ··· (127)
        5.3.4 存储器的测试 ··· (129)
        5.3.5 实验报告及思考题 ··· (130)

第 6 章 数字电路应用设计 ·· (132)
    6.1 数字电路设计概述 ··· (132)
        6.1.1 数字电路设计流程 ··· (132)
        6.1.2 数字电路设计方法 ··· (132)
        6.1.3 数字电路设计性实验报告撰写 ·· (134)
    6.2 交通信号灯自动定时控制系统 ··· (134)
        6.2.1 控制系统的功能要求 ·· (134)
        6.2.2 控制系统方案设计 ··· (135)

6.2.3 电路设计 …………………………………………………………………（135）
　　　6.2.4 组装与调试 ………………………………………………………………（139）
　　　6.2.5 相关题目 …………………………………………………………………（139）
　6.3 拔河游戏机 ………………………………………………………………………（139）
　　　6.3.1 拔河游戏机的功能要求 …………………………………………………（139）
　　　6.3.2 拔河游戏机的方案设计 …………………………………………………（140）
　　　6.3.3 电路设计 …………………………………………………………………（140）
　　　6.3.4 组装与调试 ………………………………………………………………（142）
　6.4 循环彩灯控制器的设计 …………………………………………………………（142）
　　　6.4.1 控制器的功能要求 ………………………………………………………（142）
　　　6.4.2 电路设计 …………………………………………………………………（142）
　　　6.4.3 组装与调试 ………………………………………………………………（143）
　　　6.4.4 基于 VHDL 设计的循环彩灯控制器 ……………………………………（143）
　　　6.4.5 相关题目 …………………………………………………………………（144）
　6.5 数字频率计设计 …………………………………………………………………（146）
　　　6.5.1 数字频率计的功能要求 …………………………………………………（146）
　　　6.5.2 数字频率计的方案设计 …………………………………………………（146）
　　　6.5.3 电路设计 …………………………………………………………………（147）
　　　6.5.4 组装与调试 ………………………………………………………………（148）
　6.6 多路智力竞赛抢答器设计 ………………………………………………………（148）
　　　6.6.1 抢答器的功能要求 ………………………………………………………（148）
　　　6.6.2 抢答器的方案设计 ………………………………………………………（148）
　　　6.6.3 电路设计 …………………………………………………………………（149）
　　　6.6.4 组装与调试 ………………………………………………………………（151）
　6.7 时钟类应用电路设计 ……………………………………………………………（152）
　　　6.7.1 基本单元电路 ……………………………………………………………（152）
　　　6.7.2 数字钟电路设计 …………………………………………………………（153）
　　　6.7.3 数码显示星期历电路设计 ………………………………………………（154）
　　　6.7.4 数码显示精密定时电路设计 ……………………………………………（155）

第7章 数字电路实验常用软件及器件 …………………………………………………（159）

　7.1 Multisim11 电路仿真 ……………………………………………………………（159）
　　　7.1.1 Multisim11 简介 …………………………………………………………（159）
　　　7.1.2 Multisim11 用户界面 ……………………………………………………（160）
　　　7.1.3 Multisim11 的基本操作 …………………………………………………（165）
　　　7.1.4 Multisim11 虚拟数字仪表 ………………………………………………（179）
　　　7.1.5 Multisim11 在数字电路中的仿真流程 …………………………………（188）
　7.2 可编程逻辑器件简介 ……………………………………………………………（190）
　　　7.2.1 可编程逻辑器件的基本概念 ……………………………………………（190）
　　　7.2.2 可编程逻辑器件的基本结构 ……………………………………………（190）

    7.2.3 EP4CE6E22C8 简介……………………………………………………（192）
  7.3 VHDL 语言简介……………………………………………………………………（195）
    7.3.1 VHDL 的基本语法规则……………………………………………………（196）
    7.3.2 VHDL 基本描述语句………………………………………………………（197）
    7.3.3 VHDL 基本语法结构………………………………………………………（197）
    7.3.4 常见基本数字电路的 VHDL 实现…………………………………………（198）
  7.4 PLD 开发软件 QUARTUS II 的使用…………………………………………………（199）
    7.4.1 Quartus II 概述……………………………………………………………（199）
    7.4.2 Quartus II 软件电路设计流程……………………………………………（199）
    7.4.3 基于 Quartus II 的 VHDL 电路设计………………………………………（201）

附录……………………………………………………………………………………………（210）

  附录 A 部分常用 TTL 集成电路说明……………………………………………………（210）
  附录 B 部分常用 CMOS 集成电路说明…………………………………………………（212）
  附录 C 部分 TTL 集成电路引脚排列……………………………………………………（214）
  附录 D 部分 CMOS 集成电路引脚排列…………………………………………………（219）

参考文献………………………………………………………………………………………（222）

第1章 数字电路实验基础

1.1 概述

数字电路实验是根据教学、生产和科研的具体要求进行电路设计、安装与调试的过程，也是一门验证理论，巩固所学理论知识，培养实际运用知识的能力，具有较强实践性的一门课程。通过数字电路实验，使学生正确掌握常用电子仪器的使用方法，掌握数字电路从基本功能完成到系统实现的方法，从而有效地培养学生理论联系实际和解决实际问题的能力，树立科学、严谨的工作作风。

1. 对学生的具体要求

（1）能读懂原理电路图，具有分析电路作用或功能的能力；会查阅和利用技术资料，识别集成电路的引脚，了解集成电路的功能及典型应用方法。

（2）能合理选用门电路、触发器、寄存器、计数器、译码器等元器件，具有设计、仿真数字电路的能力。

（3）具有组装和调试基本电路的能力，并能按电路图接线、查线和排除简单的线路故障。

（4）掌握常用电子仪器的选择与使用方法，熟悉各类电路性能指标（或功能）的基本测试方法。

（5）能独立拟订基本电路的实验步骤，态度严谨认真，撰写有理论分析、实事求是、文字通顺和字迹端正的实验报告。

2. 数字电路实验的特点

（1）理论性强。没有正确的理论指导，就不可能设计出性能稳定、符合技术要求的实验电路，也不可能拟订出正确的实验方法和步骤。因此，要做好实验，首先要学好数字电路理论课程。

（2）工艺性强。有了成熟的实验电路方案，但由于装配工艺不合理，不会取得满意的实验结果，甚至导致实验失败。因此，需要认真掌握电子工艺技术。

（3）测试技术要求高。实验电路类型繁多，不同电路要求其功能或性能指标不同，采用的测试仪器和测试方法也不同。因此，应熟练掌握基本电子测量技术和各种测量仪器的使用方法。

3. 实验安全

实验安全包括人身安全和设备安全。

1）人身安全

（1）实验时不得赤脚，实验室地面最好铺设绝缘良好的地板（或垫），各种仪器设备应有良好的接地。

（2）仪器设备、实验装置中通过强电的连接导线应有良好的绝缘外套，芯线不得外露。

（3）实验电路接好后，检查无误后方可接入电源。应养成先接实验电路后接通电源，实验完毕先断开电源后拆除实验电路的操作习惯。另外，在接通交流 220V 前，应通知实验合作者。

（4）万一发生触电事故时，应迅速切断电源。如距电源开关较远，可用绝缘工具将电源线切断，使触电者立即脱离电源并采取必要的急救措施。

2）仪器安全

（1）使用仪器前，应认真阅读使用说明书，掌握仪器的使用方法和注意事项。

（2）使用仪器应按要求正确接线。

（3）实验中要有目的地扳（旋）动仪器面板上的开关（或旋钮），扳（旋）动时切忌用力过猛。

（4）实验过程中，精神必须集中。当嗅到焦臭味、见到冒烟和火花、听到噼啪声、感到设备过烫及出现保险丝熔断等异常现象时，应立即切断电源，故障未排除前不准再次开机。

（5）搬动仪器设备时，必须轻拿轻放。未经允许不准随意调换仪器，更不准擅自拆卸仪器设备。

（6）仪器使用完毕，应将面板上相关旋钮、开关置于合适位置。例如，电压表量程开关应旋至最高挡位等。

1.2 实验的基本过程

实验的基本过程包括：确定实验内容，选定最佳的实验方案和实验电路，拟出较好的实验步骤，选择合理的仪器设备和元器件，进行连接、安装和调试，最后写出完整的实验报告。

1.2.1 实验预习

认真预习是做好实验的关键。预习好坏，不仅关系到实验能否顺利进行，而且直接影响到实验效果。预习应按实验预习要求进行，在每次实验前首先要认真复习有关实验的基本原理，掌握器件性能特点及使用方法，对如何着手实验做到心中有数。同时，实验前应写出预习报告，其内容包括：

（1）绘出设计好的实验电路图，该图应该是逻辑电路图和电路连线图，逻辑电路图能反映出电路原理，电路连线图便于连线；还能在图上标出器件型号、所使用的引脚号及元件数值，必要时还可用文字说明。

（2）写出实验方法和步骤。

（3）画出记录实验数据的表格和波形坐标。

（4）列出元器件清单。

1.2.2 实验中的 EDA 仿真

在当今电子设计领域，EDA 仿真是一个十分重要的设计环节。通过 EDA 仿真技术，首先验证数字电路的实验结果，然后再用真实的器件进行实际电路的安装和调试，避免了实际操作中元器件的耗损，使电路调试快捷、方便。同时，还能实现数字系统结构或电路特性模拟及参数优化设计。

常见的仿真软件有 Multisim，它具备 SPICE 分析功能，并且可以对模拟与数字混合电路用虚拟工作台方式进行实时仿真,可以用虚拟的仪器仪表对电路模型进行观测。Multisim 仿真模拟实验,其过程非常接近实际操作效果,元器件选择范围广,参数修改方便。Multisim 仿真流程如图 1.1 所示。

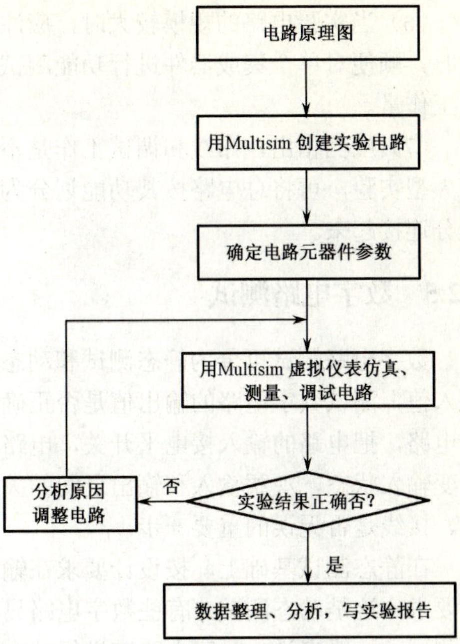

1.2.3 实验操作规范

正确的操作方法和操作程序,是顺利进行实验的保障。因此,要求在每个操作步骤之前都要做到心中有数,即目的要明确。操作时既要迅速又要认真,应注意以下几点:

（1）应调整好直流电源电压,使其极性和大小满足实验要求。调整好信号源电压,使其大小满足实验要求。

（2）搭接电路时,应遵循正确的操作步骤,即按照先接线后通电、做完后先断电再拆线的步骤。

（3）利用无焊接实验电路板（俗称面包板）插接电路时,要确保连接点接触良好和电路布局合理,为调试操作创造方便有利的条件,避免因接入测试探头而造成短路或其他故障。

图 1.1 Multisim 仿真流程

（4）在通电的情况下,不得拔、插（或焊接）器件,这些操作应在关闭电源后进行。

（5）电路调试时应按先静态、后动态的顺序进行。

（6）仔细观察实验现象,完整准确地记录实验数据并与理论值进行比较分析。

（7）实验完毕,应将实验台清理干净、摆放整齐。

1.2.4 布线原则

布线应直观,以便检查,还要合理,以便降低或消除各种因素引起的干扰。在数字电路实验中,错误布线引起的故障常占很大比例。布线错误不仅会引起电路故障,严重时甚至会损坏器件,因此注意布线的合理性和科学性是十分必要的。正确布线的原则大致有以下几点:

（1）接插集成电路芯片时,先校准芯片两排引脚,使之与引脚上的插孔对应,轻轻用力将芯片插上,在确定引脚与插孔完全吻合后,再稍用力将其插紧,以免造成集成电路的引脚弯曲、折断或者接触不良。

（2）分清集成电路芯片引脚的排列方向,一般双列直插式 IC 排列的方向是缺口（或标记）朝左,引脚序号从左下方的第一个引脚开始,按逆时钟方向依次递增至左上方的第一个引脚。

（3）导线应粗细适当,一般选取直径为 0.6~0.8mm 的单股导线,最好采用各种色线以区别不同用途,如电源线用红色,地线用黑色。

（4）布线应有秩序地进行,随意乱接容易造成漏接、错接,较好的方法是接好固定电平点,如电源线、地线、门电路闲置输入端、触发器置位、复位端等,再按信号源的顺序从输入到输出依次布线。

（5）连线应避免过长，避免从集成器件上方跨接，避免过多的重叠交错。

（6）当实验电路的规模较大时，应注意集成元器件的合理布局，以便得到最佳布线。布线时，顺便对单个集成器件进行功能测试。这是一种良好的习惯，实际上这样做不会增加布线工作量。

（7）应当指出，布线和调试工作是不能截然分开的，往往需要交替进行，对元器件较多的大型实验，可将总电路按其功能划分为若干相对独立的部分，逐个布线、调试，然后将各部分连接起来。

1.2.5 数字电路测试

数字电路测试可分为静态测试和动态测试两部分。静态测试是给定数字电路若干组静态输入值，测试数字电路的输出值是否正确。数字电路设计好后，在实验箱上连接成一个完整的电路，把电路的输入接电平开关，电路的输出接电平指示灯，按功能表或状态表的要求，改变输入状态，观察输入和输出之间的关系是否符合设计要求。静态测试是检查设计是否正确、接线是否无误的重要一步。

在静态测试基础上，按设计要求在输入端加动态脉冲信号，观察输出端波形是否符合设计要求，这是动态测试。有些数字电路只需进行静态测试即可，有些数字电路则必须进行动态测试。一般来说，时序电路应进行动态测试。

1．组合逻辑电路的测试

组合逻辑电路测试的目的是验证其逻辑功能是否符合设计要求，也就是验证其输入和输出的关系是否与真值表相符。

1）静态测试

静态测试是在电路静止状态下测试输入和输出的关系。将输入端分别接到逻辑电平开关上，用电平显示灯分别显示各输入和输出端的状态。按真值表将输入信号一组一组依次送入被测电路，测出相应的输出状态，与真值表相比较，以判断组合逻辑电路静态工作是否正常。

2）动态测试

动态测试是测试组合逻辑电路的频率响应。在输入端加上周期性信号，用示波器观察输入、输出波形，测出与真值表相符的最高输入脉冲频率。

2．时序逻辑电路的测试

时序逻辑电路测试的目的是验证其状态的转换是否与状态图或时序图相符合。可用电平显示灯、数码管或示波器等观察输出状态的变化。

常用的测试方法有两种，一种是单拍工作方式：以单次脉冲源作为时钟脉冲，逐拍进行观测，判断输出状态的转换是否与状态图相符；另一种是连续工作方式：以连续脉冲源作为时钟脉冲，用示波器观察波形，判断输出波形是否与时序图相符。

1.2.6 数字电路的故障查找和排除

1．数字电路的故障类型

在数字电路实验中，出现问题是难免的，重要的是分析问题，找到出现问题的原因，从而解决它。通常，有四个方面的原因造成错误：设计错误、接线错误、器件故障和测试方法不正确。在查找故障过程中，首先要熟悉经常发生的典型故障。

1) 设计错误

设计错误会造成与预想的结果不一致，其原因是对实验要求没有吃透，或者对所用器件的原理没有掌握好。因此，实验前一定要理解实验要求，掌握实验电路原理，精心设计。初始设计完成后一般应对设计进行优化，最后画好逻辑电路图及电路接线图。

2) 接线错误

接线错误是最常见的错误。据统计，在实验过程中，大约70%以上的故障是由接线错误引起的。常见的接线错误包括：没有接器件的电源和地；连线与插孔接触不良；连接线内部线断；连线多接、漏接、错接；连线过长、过乱，造成干扰。

接线错误造成的现象多种多样。例如，器件的某个功能块不工作或工作不正常，器件不工作或发热，电路中一部分工作状态不稳定等。解决方法大致包括：熟悉所用器件的功能及其引脚号，掌握器件每个引脚的功能；器件的电源和地一定要接对、接好；检查连线和插孔接触是否良好；检查连线有无错接、多接、漏接；检查连线中有无断线。最重要的是接线前要画出接线图，按图接线，不要凭记忆随想随接；接线要规范、整齐，尽量走直线、短线，以免引起干扰。

3) 器件故障

器件故障是器件失效或器件接插问题等引起的故障，表现为器件工作不正常。若器件失效，则要进行更换。器件接插问题，如引脚折断或者器件的某个（或某些）引脚没插到插座中等，也会使器件工作不正常。器件接插故障有时不易发现，需仔细检查；判断器件失效的方法是用集成电路测试仪进行测试。需要指出的是，一般的集成电路测试仪只能检测器件的某些静态特性，对负载能力等动态特性和上升沿、下降沿、延迟时间等特性不能测试。

4) 测试方法不正确

如果不发生前面所述三种错误，实验一般会成功。但有时测试方法不正确也会引起观测错误。例如，一个稳定的波形，如果用示波器观测，而示波器没有调好同步，会造成波形不稳的假象，因此要学会正确使用所用仪器、仪表。在数字电路实验中，尤其要学会正确使用示波器。在对数字电路测试过程中，由于测试仪器、仪表加到被测电路上后，对被测电路来说相当于一个负载，因此测试过程也有可能引起电路本身工作状态的改变，这一点应引起足够注意。不过，在数字电路实验中，这种现象很少发生。

2. 常见的故障检查方法

实验中发现结果与预期不一致时，不要慌乱，应仔细观察现象，冷静思考分析。首先检查仪器、仪表的使用是否正确。在排除错误使用仪器、仪表的前提下，按照逻辑图和接线图逐级查找，通常从发现问题的地方，逐级向前测试，直到找出故障的初始位置。在故障的初始位置处，首先检查连线是否正确。实验故障绝大部分是由接线错引起的，因此检查一定要认真、仔细。确认接线无误后，检查器件引脚是否正确插进插座，有无引脚折断、弯曲、错插问题。确认无上述问题后，取下器件测试，以检查器件好坏，或者直接换一个新器件。具体方法如下所述。

（1）查线法：由于在实验中大部分故障都是由于布线错误引起的，因此，产生故障后，应着重检查有无漏线、错线，导线与插孔接触是否可靠，集成电路是否插牢、是否插反等。

（2）测量法：用万用表直接测量各集成块的 V_{CC} 端是否加上电源电压，针对某一故障状态，用万用表测试各输入/输出端的直流电平，从而判断是否由于插座、集成块引脚连接线等原因造成故障。

（3）信号注入法：在故障级电路的输入端加上输入信号，观察该级输出响应，从而确定该级是否存在故障，必要时可以切断周围连线，避免相互影响。

（4）信号寻迹法：在电路的输入端加上特定信号，按照信号流向逐级检查是否有响应，必要时输入不同信号进行测试。

（5）替换法：对于多输入端器件，如有多余端则可调换另一输入端试用，必要时可更换器件。

（6）动态逐级跟踪检查法：对于时序电路，可输入时钟信号，按信号流向依次检查各级波形，直到找出故障点为止。

（7）断开反馈线检查法：对于含有反馈线的闭合电路，应该设法断开反馈线进行检查，或进行状态预置后再检查。

以上检查故障的方法，是指在电路设计正确、仪器工作正常的前提下进行的，如果实验时电路功能测不出来，则应首先检查供电，若电源电压已加上，便可把有关输出端直接接到 0-1 显示器上检查，若逻辑开关无输出或单次 CP 无输出，则是开关接触不好或是内部电路坏了，一般是集成器件坏了。

需要强调指出，实验经验对于故障检查很有帮助，只要充分预习，掌握基本理论和实验原理，就不难用逻辑思维的方法较好地判断和排除故障。

1.2.7 实验记录和实验报告

实验记录是实验过程中获得的第一手资料，所以记录必须清楚、合理、正确，若不正确，则要现场及时重复测试，找出原因。实验记录应包括如下内容：

（1）实验任务及实验内容；

（2）实验数据和波形及实验过程中出现的现象，从记录中应能初步判断实验的正确性；

（3）记录波形时，应注意输入、输出波形的时间相位关系，在坐标中正确画出；

（4）实验中实际使用的仪器型号和编号以及元器件使用情况等。

实验报告是培养学生科学实验总结能力和分析思维能力的有效手段，也是一项重要的基本功训练，它能很好地巩固实验成果，加深对基本理论的认识和理解，从而进一步扩大知识面。其目的是培养学生对实验结果的处理和分析能力、文字表达能力、严谨的科学态度及创新思维能力。实验报告应包括实验目的、仪器设备、实验内容及电路设计、线路连接图、实验数据及波形图，整理实验结果，对实验现象及结果的分析讨论，实验的收获和体会、意见建议等。

实验报告是一份技术总结，要求文字简洁，内容清楚，图表工整，其中实验内容和结果是报告的主要部分，它应包括实际完成的全部实验，并且要按实验任务逐个写，每个实验报告应有如下内容：

（1）实验课题的方框图、逻辑图（或测试电路）、状态图、真值表及文字说明等，对于设计性课题，还应有整个设计过程和关键的设计技巧说明。

（2）实验记录和经过整理的数据、表格、曲线和波形图，其中表格、曲线和波形图应使用专用实验报告简易坐标格，并且用三角板、曲线板等工具描绘，力求画得准确，不得随手示意画。

（3）实验结果分析、讨论及结论，对讨论的范围没有严格要求，一般应对重要的实验现象、结论加以讨论，以便进一步加深理解。此外，对实验中的异常现象，可进行一些简要说明；对实验中的收获，可谈一些心得体会。

1.3 数字集成电路简介

1.3.1 概述

在数字电路高度集成化的今天，充分掌握和正确使用数字集成电路，以构成数字逻辑系统，就成为数字电子技术的核心内容之一。

集成电路按集成度可分为小规模、中规模、大规模和超大规模。小规模集成电路（SSI）是在一块硅片上制成约 1~10 个门，通常为逻辑单元电路，如逻辑门、触发器等。中规模集成电路（MSI）的集成度约为 10~100 门/片，通常是逻辑功能电路，如译码器、数据选择器、计数器、寄存器等。大规模集成电路（LSI）的集成度约为 100 门/片以上，超大规模集成电路（VLSI）约为 1000 门/片以上，通常是一个小的数字逻辑系统。现已制成规模更大的超大规模集成电路。

数字集成电路还可分为双极型电路和单极型电路两种。双极型电路中有代表性的是 TTL 电路，单极型电路中有代表性的是 CMOS 电路。国产 TTL 集成电路的标准系列为 CT54/74 系列或 CT0000 系列，其功能和外引线排列与国际 54/74 系列相同。国产 CMOS 集成电路主要为 CC（CH）4000 系列，其功能和外引线排列与国际 CD4000 系列相对应。高速 CMOS 系列中，74HC 和 74HCT 系列与 TTL74 系列相对应，74HC4000 系列与 CC4000 系列相对应。

本书将部分数字集成电路的逻辑表达式、外引线排列图列于附录中。逻辑表达式或功能表描述了集成电路的功能及输出与输入之间的逻辑关系。为了正确使用集成电路，应该对它们进行认真研究，深入理解，充分掌握。另外，还应对使能端的功能和连接方法予以充分的注意。

必须正确了解集成电路参数的意义和数值，并按规定使用。特别是必须严格遵守极限参数的限定，因为即使瞬间超出，也会使器件损坏。

1.3.2 TTL 集成电路的特点和工作条件

TTL 集成电路的特点如下：
（1）输入端一般有钳位二极管，减少了反射干扰的影响；
（2）输出电阻低，增强了带容性负载的能力；
（3）有较大的噪声容限；
（4）采用+5 V 的电源供电。

为了正常发挥器件的功能，应使器件在推荐的条件下工作，对 CT0000 系列（74LS 系列）器件，主要有：
（1）电源电压在 4.75~5.25 V 的范围内；

（2）环境温度在 0~70 ℃之间；

（3）高电平输入电压 $V_{IH}>2$ V，低电平输入电压 $V_{SL}<0.8$ V；

（4）输出电流应小于最大推荐值（查手册）；

（5）工作频率不能高，一般的门和触发器的最高工作频率约 30 MHz。

1.3.3 TTL 集成电路使用须知

（1）电源电压应严格保持在 5 V±10%的范围内，过高易损坏器件，过低则不能正常工作。实验中一般采用稳定性好、内阻小的直流稳压电源。使用时，应特别注意电源与地线不能错接，否则会因电流过大而造成器件损坏。

（2）多余输入端最好不要悬空，虽然悬空相当于高电平，并不影响与门（与非门）的逻辑功能，但悬空时易受干扰。为此，与门、与非门多余输入端可直接接到 V_{CC} 上，或通过一个公用电阻（几千欧）连到 V_{CC} 上。若前级驱动能力强，则可将多余输入端与使用端并接；不用的或门、或非门输入端直接接地，与或非门不用的与门输入端至少有一个要直接接地；带有扩展端的门电路，其扩展端不允许直接接电源。

（3）输出端不允许直接接电源或接地，但可以通过电阻与电源相连；不允许直接并联使用（集电极开路门和三态门除外）。

（4）应考虑电路的负载能力（即扇出系数），要留有余地，以免影响电路的正常工作。扇出系数可通过查阅器件手册或计算获得。

（5）在高频工作时，应通过缩短引线、屏蔽干扰源等措施，抑制电流的尖峰干扰。

1.3.4 CMOS 集成电路的特点

（1）静态功耗低：电源电压 $V_{DD}=5$ V 的中规模电路的静态功耗小于 100 μW，从而有利于提高集成度和封装密度，降低成本，减小电源功耗。

（2）电源电压范围宽：4000 系列 CMOS 电路的电源电压范围为 3~18 V，从而使选择电源的余地大，电源设计要求低。

（3）输入阻抗高：正常工作的 CMOS 集成电路，其输入端保护二极管处于反偏状态，直流输入阻抗可大于 100 MΩ；在工作频率较高时，应考虑输入电容的影响。

（4）扇出能力强：在低频工作时，一个输出端可驱动 50 个以上的 CMOS 器件的输入端，这主要因为 CMOS 器件的输入电阻高的缘故。

（5）抗干扰能力强：CMOS 集成电路的电压噪声容限可达电源电压的 45%，而且高电平和低电平的噪声容限值基本相等。

（6）逻辑摆幅大：空载时，输出高电平 $V_{OH}>V_{DD}-0.05$ V，输出低电平 $V_{OL}<V_{SS}+0.05$ V。

CMOS 集成电路还有较好的温度稳定性和较强的抗辐射能力。其不足之处是，一般 CMOS 器件的工作速度比 TTL 集成电路低，功耗随工作频率的升高而显著增大。

CMOS 器件的输入端和 V_{SS} 之间接有保护二极管，除了电平变换器等一些接口电路外，输入端和正电源 V_{DD} 之间也接有保护二极管。因此，在正常运转和焊接 CMOS 器件时，一般不会因感应电荷而损坏器件。但是，在使用 CMOS 数字集成电路时，输入信号的低电平不能低于 $V_{SS}-0.5$ V，除某些接口电路外，输入信号的高电平不得高于 $V_{DD}+0.5$ V，否则可能引起保护二极管导通，甚至可能使输入级损坏。

1.3.5　CMOS 集成电路使用须知

（1）电源连接和选择：V_{DD} 端接电源正极，V_{SS} 端接电源负极（地）。绝对不许接错，否则器件会因电流过大而损坏。对于电源电压范围为 3~18 V 的系列器件，如 CC4000 系列，实验中 V_{DD} 通常接+5 V 电源。V_{DD} 电压通常选电源变化范围的中间值，例如，电源电压在 8~12 V 之间变化，则选择 V_{DD}=10 V 较恰当。

CMOS 器件在不同的 V_{DD} 值下工作时，其输出阻抗、工作速度和功耗等参数都有所变化，设计时要考虑。

（2）输入端处理：多余输入端不能悬空。应按逻辑要求接 V_{DD} 或接 V_{SS}，以免受干扰造成逻辑混乱，甚至还会损坏器件。对于工作速度要求不高，而要求增加带负载能力时，可把输入端并联使用。

对于安装在印制电路板上的 CMOS 器件，为了避免输入端悬空，在电路板的输入端应接入限流电阻 R_P 和保护电阻 R，当 V_{DD}=+5 V 时，R_P 取 5.1 kΩ，R 一般取 100 kΩ~1 MΩ。

（3）输出端处理：输出端不允许直接接 V_{DD} 或 V_{SS}，否则将导致器件损坏，除三态（TS）器件外，不允许两个不同芯片输出端并联使用，但有时为了增加驱动能力，同一芯片上的输出端可以并联。

（4）对输入信号 V_I 的要求：V_I 的高电平 V_{IH}<V_{DD}，V_I 的低电平 V_{IL} 小于电路系统允许的低电压；当器件 V_{DD} 端未接通电源时，不允许信号输入，否则将使输入端保护电路中的二极管损坏。

1.3.6　数字 IC 器件的封装

数字 IC 器件有多种封装形式。为了教学实验方便，实验中所用的 74 系列器件封装选用双列直插式。图 1.2 是双列直插封装的正面示意图。

双列直插封装有以下特点：

（1）从正面（上面）看，器件一端有一个半圆的缺口，这是正方向的标志。缺口左边的引脚号为 1，引脚号按逆时针方向增加。图 1.2 中的数字表示引脚号。双列直插封装 IC 引脚数有 14,16,20,24,28 等若干种。

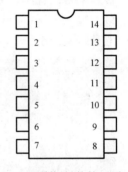

图 1.2　双列直插封装的正面示意图

（2）双列直插器件有两列引脚，引脚之间的间距是 2.54 mm。两列引脚之间的距离有宽（15.24 mm）、窄（7.62 mm）两种。两列引脚之间的距离能够稍微改变，引脚间距不能改变。将器件插入实验台上的插座或者从插座中拔出时要小心，不要将器件引脚弄弯或折断。

（3）74 系列器件一般左下角的最后一个引脚是 GND，右上角的引脚是 V_{CC}。例如，14 引脚器件引脚 7 是 GND，引脚 14 是 V_{CC}；20 引脚器件引脚 10 是 GND，引脚 20 是 V_{CC}。但也有一些例外，例如，16 引脚的双 JK 触发器 74LS76，其引脚 13（不是引脚 8）是 GND，引脚 5（不是引脚 16）是 V_{CC}。所以，使用集成电路器件时要先看清它的引脚图，找对电源和地，避免因接线错误而造成器件损坏。

1.3.7　数字电路逻辑状态

数字电路是一种开关电路，开关的两种状态"开通"与"关断"常用二元常量 0 和 1 来表示。在数字逻辑电路中，区分逻辑电路状态 1 和 0 信号的电平一般有两种规定，即正逻辑和负逻辑。正逻辑规定,高电平表示逻辑 1,低电平则表示逻辑 0;负逻辑规定,低电平表示逻辑 1,高电平则表示逻辑 0。工程中多数采用正逻辑描述。对于 TTL 电路正逻辑 1 电平在 2.4~3.6 V 之间,逻辑 0 电平在 0.2~0.4 V 之间。

1.4 数字电路常用仪表的使用

1.4.1 数字示波器 DS1052E

DS1052E 是一种小巧、轻便的二通道示波器,如图 1.3 所示。其易用性、优异的技术指标及众多功能特性的完美结合,可帮助用户更好更快地完成工作任务。它向用户提供简单而功能明晰的前面板,以进行所有的基本操作。

1. 主要技术参数

1)垂直系统

- 频带宽度:50 MHz;
- 垂直灵敏度:2 mV/div ~ 5 V/div;
- 垂直分辨率:8 位;
- 输入阻抗:1 MΩ/15 pF;
- 输入耦合:直流、交流、接地;
- 最大输入电压:400 V(1 MΩ/15 pF);
- 上升时间:小于 7 ns。

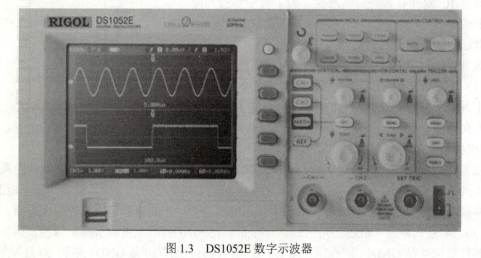

图 1.3 DS1052E 数字示波器

2)水平系统

- 实时采样率:1 GSa/s(单通道),500 MSa/s(双通道);
- 等效采样率:10 GSa/s;
- 时基范围:5 ns/div~50 s/div,按 1-2-5 方式。

3)触发

- 触发模式:边沿、视频、脉宽、斜率、交替;

- 触发源：CH1，CH2，Ext，Ext/5，AC Line；
- 时基精度：50 ppm（1 ppm = 1×10^{-6}）。

4）标准信号输出

f =1 kHz，V_{P-P}=5 V 方波。

5）存储

- 内部存储：10 组波形、10 组设置；
- U 盘存储：位图存储、CSV 存储、波形设置。

6）接口

USB Device，USB Host，RS-232，P/F Out (Isolated)。

2．S1052E 数字示波器面板

DS1052E 示波器前面板如图 1.4 所示，前面板面板上包括旋钮和功能按键。旋钮的功能与其他示波器类似，显示屏右侧的一列 5 个灰色按键为菜单操作键（自上而下定义为 1~5 号）。通过它们可以设置当前菜单的不同选项；其他按键为功能键，通过它们可以进入不同的功能菜单或直接获得特定的功能应用。

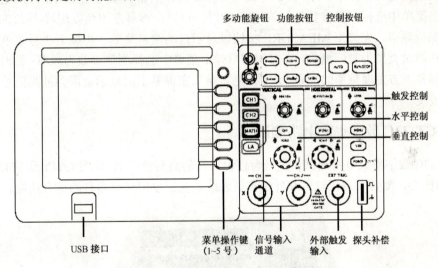

图 1.4　DS1052E 数字示波器前面板

DS1052E 数字示波器显示界面如图 1.5 所示。

3．应用举例

观察电路中一个未知信号，迅速显示和自动测量信号的频率和峰-峰值。

1）迅速显示信号

先将探头菜单衰减系数设定为 10×，再将 CH1 的探头连接到电路被测点；按下 AUTO（自动设置）按钮，再按 CH2→OFF，MATH→OFF，REF→OFF 按钮，示波器将自动设置，使波形显示达到最佳。在此基础上，可以进一步调节垂直，水平挡位，直至波形显示符合要求。

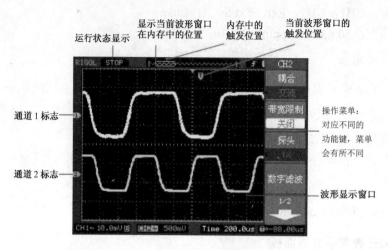

图 1.5 DS1052E 数字示波器显示界面

2）自动测量信号的频率和峰-峰值

- 测量峰-峰值。先按下 MEASURE 按钮以显示自动测量菜单。再按下 1 号菜单操作键选择信源 CH1，再按下 2 号菜单操作键选择测量类型为电压测量；在电压测量弹出菜单中选择测量参数为峰-峰值，此时，可以在屏幕左下角发现峰-峰值的显示。
- 测量频率。先按下 MEASURE 按钮以显示自动测量菜单，再按下 3 号菜单操作键选择测量类型为时间测量，在时间测量弹出菜单中选择测量参数为频率；此时，可以在屏幕下方发现频率的显示。注意：测量结果在屏幕上的显示会因为被测信号的变化而改变。

1.4.2 ICT-33C 数字集成电路测试仪

ICT-33C 数字集成电路测试仪是一台性价比高的高科技产品，如图 1.6 所示。它以 MCS-51 单片机为核心，配合大规模软件和外围扩展系统来全面模拟被测器件的综合功能。

图 1.6 ICT-33C 集成电路测试仪

1. 主要技术参数

（1）电源电压：AC 220 V±15%，50 Hz；
（2）整机功耗：15 W；
（3）测试电压：3.3 V，5.0 V，9.0 V，15 V；
（4）编程电压：12.5 V，21 V；
（5）最大测试脚数：DIP 封装 40 脚；

（6）型号输入位数：最多可接受 6 位型号数字输入；

（7）适用温度：0～40 ℃；

（8）测试规范：输入、输出短路测试，100%功能测试；

（9）输入高电平 VIH：＞4.5 V（VT=5.0 V）；

（10）输入低电平 VIL：＜0.2 V（VT=5.0 V）；

（11）输出高电平 VOH：＞2.8 V（VT=5.0 V）；

（12）输出低电平 VOL：＜0.7 V（VT=5.0 V）。

2．功能综述

（1）器件好坏判别：当不知被测器件的好坏时，仪器可判别其逻辑功能好坏；

（2）器件型号识别：当不知被测器件的型号时，仪器可依据其逻辑功能来判断其型号；

（3）器件老化测试：当怀疑被测器件的稳定性时，仪器可对其进行连续老化测试；

（4）器件代换查询：仪器可显示有无逻辑功能一致，引脚排列一致的器件型号；

（5）内部 RAM 缓冲区修改：仪器可对内部缓冲区进行多种编辑；

（6）微机通信：仪器可通过串行口接收来自微型计算机的数据；

（7）ROM 器件读入：仪器可将 128 KB 以内的 ROM 器件内的数据读入并保存；

（8）ROM 器件写入：仪器可将内部缓冲区的数据写入到 128KB 以内的 ROM 器件中。

3．ICT-33C 的测试范围

ICT-33C 能测试 TTL74、TTL54 系列、TTL75、TTL 55 系列、CMOS40、CMOS45、CMOS14 系列、光耦合器、LED 系列、EPROM、EEPROM、RAM、FLASH ROM 系列、常用单片机系列和常用微型计算机外围电路系列。

4．ICT-33C 操作键的功能

ICT-33C 数字集成电路测试仪面板如图 1.7 所示，各操作键功能如下所述。

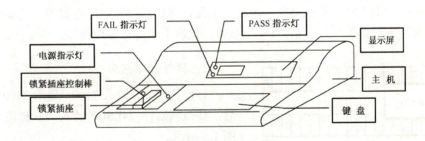

图 1.7　数字集成电路测试仪面板

（1）"0~9" 键为数字键，用于输入被测器件型号、引脚数目。

（2）"好坏判别/查空" 键为多功能键。若输入的型号为 EPROM、单片机（8031 除外）器件，则它使仪器对被测器件进行查空操作；在测试其他型号时，它使仪器对被测器件进行好坏判别。若第一次按下了数字键，则至少要在输入三位型号数字后，输入该键才能被仪器接受；若在没有输入型号数字时输入该键，则仪器将对前一次输入的器件型号进行好坏测试。此功能用于测试多只相同的器件。

（3）"型号判别" 键为功能键，用于判别被测器件的型号，在未输入任何数字的前提下才有效。

（4）"代换查询"键为功能键，用于查询是否有相同逻辑功能、相同引脚排列的器件，至少在输入三位型号数字后，输入该键才能被仪器接受。

（5）"老化/比较"键为多功能键，用于对被测器件进行连续老化测试，至少在输入三位型号数字后才能被仪器接受。当输入的型号是 EPROM、EEPROM、FLASH ROM、单片机器件（8031 除外）时，它将被测器件内部的数据与机内 RAM 中的数据进行比较。

（6）"读入"键为功能键，当输入的型号是 EPROM、EEPROM、FLASH ROM、单片机器件时才有效，它将被测器件内部的数据读入机内 RAM 并保存。

（7）"写入"键为功能键，与"读入"键相似，它将机内 RAM 中的数据写入被测器件并自动校验。

（8）"编辑/退出"键为多功能键，它可对机内 RAM 中的数据进行编辑（填充、复制、查找、修改）。当对单片机及具有数据软件保护功能的 FLASH ROM 器件进行写入时，该键也是加密功能键；当进行老化测试时，按该键可退出老化测试。

（9）"F1/上"键为多功能键，当开机后或测试完成后，该键可选择测试电压；而在 RAM 数据编辑时，该键使地址减 1。

（10）"F2/下"键为多功能键，当开机后或测试完成后，按该键进入与微型计算机通信状态；而在 RAM 数据编辑时，该键使地址加 1。

（11）"清除"键为功能键，用于结束错误操作，或清除已输入的型号。

5. 应用举例

下面以测试 74LS00 为例，介绍 ICT-33C 数字集成电路测试仪的使用。

1）开启电源，仪器自检

此时液晶显示屏显示 "CHECP—" 并伴有一声高音提示，测试电源指示灯、FAIL 指示灯亮，仪器进入自检状态。若自检正常，有两声低音提示，显示屏显示 "PLEASE"，可进行正常测试操作。在仪器显示 "PASS"、"FAIL"、"PLEASE" 时，可用 "F1" 键来循环选择测试电压，每按一次 "F1" 键就更换一种测试电压，确认后按其他任意键即可完成选择。若自检失败，有两声低音提示，显示 "1—" 数值。仪器不能进行各项操作。

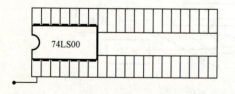

图 1.8 被测器件测试图

2）器件好坏判别

自检正常后，输入 7400，显示 7400。确认无误后，将被测器件 74LS00 插入锁紧插座并锁紧，如图 1.8 所示。

然后按下"好坏判别"键。若显示 PASS，并伴有高音提示，表示器件逻辑功能完好，黄色 LED 灯点亮。若显示 FALL，同时有低音提示，表示器件逻辑功能失效，红色 LED 灯亮。

大多数器件测试时间极短，但也有部分器件测试时间较长（如存储器），测试过程中仪器不接受任何命令输入。

3）器件老化测试

先输入 7400，显示 7400，再将 74LS00 插入锁紧插座并锁紧，按"老化"键，仪器即对被测器件进行连续测试。此时键盘退出工作，若用户想退出老化测试状态，只要松开锁紧插座即可，此时仪器将显示 FAIL，同时键盘恢复工作。对多只相同型号的器件进行分时老化时，每换一只器件都要重新输入型号。

4）器件型号判别

先将被测器件插入锁紧插座并锁紧，按"型号判别"键，仪器显示 P，请用户输入被测器件引脚数目，如有 14 只脚，就输入 14，仪器显示 P14。然后再按"型号判别"键。若被测器件功能完好，并且其型号在本仪器容量以内，此时仪器直接显示被测器件的型号，如 7400；若被测器件已损坏，或其型号不在本仪器测试范围内，仪器将显示"OFF"，并伴有低音提示，随后再显示"PLEASE"。

进行型号判别时输入的器件引脚数目必须是两位数，若被测器件只有 8 只引脚，则要输入 08。当被测器件是 EPROM、EEPROM 时，不能进行型号判别。由于本仪器是以被测器件的逻辑功能来判定其型号，因此当各系列中还有逻辑功能与被测器件逻辑功能完全相同的其他型号时，仪器显示出的被测器件型号可能与实际型号不一致，这取决于该型号在测试软件中的存放顺序。出现这种现象时，说明仪器显示的型号与被测器件具有相同的逻辑功能。

5）器件代换查询

先输入元器件的型号，如 7400，再按"代换查询"键。若在各系列内存在可代换的型号，则仪器依此次显示这些型号，如 7403，以后每按一次"代换查询"键，就换一种型号显示，直至显示"NODEVCE"；若不存在可代换的型号，则直接显示"NODEVCE"。本仪器认为那些逻辑功能一致且引脚排列一致的器件为可互相代换的器件，并未考虑器件的其他参数，此功能请读者参考使用。

6）操作注意事项

（1）输入器件型号时，应省去字母及其他标记，只输入数字。由于各种原因，少部分器件需输入的型号与实际型号不一致，请参见仪器使用说明。

（2）在进行各项测试之前，首先要确认测试电压与被测器件是否匹配，否则有可能损坏被测器件。可测系列中，仅 CMOS40、CMOS45、光耦、数码管系列可选择 9.0 V、15 V 测试电压，其他系列只能选择 3.3 V、5.0 V 进行测试。型号判别时仅可选择 5.0 V 测试电压。

（3）当用本机对 EEPROM、串行 EEPROM、FLASH ROM、单片机片内 ROM 器件进行好坏判别或写入时，将会改变被测器件内部的数据，因此，对正在使用中的这类器件进行好坏判别前，最好能先备份，而对这类器件进行数据显示或读入、比较时则不会改变其数据。

（4）EEPROM、FLASHROM、串行 EEPROM 器件、892051（输入 2051）、891051（输入 1051）单片机不能进行型号识别；892051、891051 进行好坏测试时只能用"写入"键进行。

（5）当进行型号判别时，被测器件的型号被判出后，该型号仅供显示用，并未存入仪器内部。若对该器件进行好坏判别或老化测试，仍需输入一次型号。

（6）当按下"好坏判别"键时，若显示"1—2"或"OU--数字"或"VCC—数字"时，放好被测器件后，要再次按下"好坏判别"键。

（7）在输入型号并按下"好坏判别"键后，若显示"O—E—E"，并伴有低音提示，说明该器件未列入测试范围。

（8）进行键盘操作时，若仪器以高音回答，说明操作有效；若以低音回答，说明是误操作，但误操作不会损坏仪器。

（9）安装被测器件时，一定要注意其缺口方向和安放位置。

（10）仪器关机后，必须等 5 s 以上才能再次开机，否则仪器有可能不能复位。

1.4.3 逻辑笔

逻辑笔是一种测试电平高低的仪表，常用它对简单的数字电路，如分立元件、中小规模集成电路、简单的数字设备或复杂设备的部件进行测试，主要用于指明某一端点的逻辑状态。

逻辑笔的工作原理很简单，因为电平高或低都是相对而言，需要一个比较的基准电压，当被测电压高于被比较的电压时，认为是高电平。反之，当低于被比较电压时，被认为是低电平。对于数字逻辑电路来说，为了表示 1/0 或者高/低，通常对每一个输入、输出都有一个电平定义，当高于 VH 时，认为是高电平，当低于 VL 时，认为是低电平。如对于 5V-CMOS 电路输入：VH=3.5 V，VL=1.5 V；输出：VH=4.95 V，VL=0.05 V。对于 5V-TTL 电路输入：VH=2.0 V，VL=0.8 V；输出：VH=2.4 V，VL=0.4 V。

逻辑笔一般有两个用于指示逻辑状态的发光二极管，性能较好的还有 3 个发光二极管，用于提供以下 4 种逻辑状态指示。

（1）绿色发光二极管亮时，表示逻辑低电位。

（2）红色发光二极管亮时，表示逻辑高电位。

（3）黄色发光二极管亮时，表示浮空或三态门的高阻抗状态。

（4）如果红、绿、黄三色发光二极管同时闪烁，则表示有脉冲信号存在。

逻辑笔还有记忆功能，当测试某点为高电平时，红灯亮，此时即使将逻辑笔离开测试点，该灯仍继续亮，以便记录被测状态。当不需要记录此状态时，可以扳动逻辑笔上的存储开关使其复位。

逻辑笔还可提供选通脉冲，在逻辑笔的中部设有两个插孔（分别是正、负脉冲的输出），取其中一个脉冲信号接至被测电路的某选通点上，逻辑笔随着选通脉冲的加入而做出响应。

逻辑笔的电源取自于被测电路。测试时，将逻辑笔的电源夹子夹到被测电路的任一电源点，另一个夹子夹到被测电路的公共接地端。逻辑笔与被测电路的连接除了可以为逻辑笔提供接地外，还能改善电路灵敏度及提高被测电路的抗干扰能力。

图 1.9 所示为一种逻辑笔的外观和按钮位置，它的主要工作参数如表 1.1 所示。

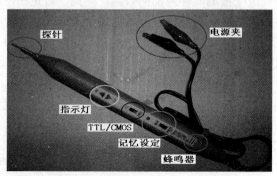

图 1.9　逻辑笔的外观和按钮位置

表 1.1 逻辑笔的主要工作参数

最大输入信号频率	20 MHz
输入阻抗	1 MΩ
操作电压	最小 4 V(DC)，最大 18 V(DC)
TTL：逻辑 1	>2.3±0.2 V(DC)
TTL：逻辑 0	<0.8±0.2 V(DC)
CMOS：逻辑 1	>70% V_{cc}(±10%)
CMOS：逻辑 0	<30% V_{cc}(±10%)
最小可检测脉波	30 ns
最大输入信号	±220 V, AC/DC（15 s 内）
电源保护	±20 V(DC)
脉波指示闪烁时间	500 ms
操作温度	0℃~50℃, 80%相对湿度
储存温度	−20℃~65℃, 75%相对湿度

1.4.4 数字电路实验箱

数字电路实验箱广泛用于以集成电路为主要器件的数字电子电路实验中，也用于数字电路的设计中。

1．数字电路实验箱组成

（1）箱内设有 8 脚、14 脚、16 脚、40 脚等共 9 个 IC 插座，装有 4 只可调电位器：1 kΩ，47 kΩ，100 kΩ 和 660 kΩ；还有一些大、小圆孔插座，供插电阻、电容及实验接线等使用；实验接线时，只要用锁紧插头线相互连接即可。

（2）箱内配有直流电源（±5 V/2.5 A）、信号源（提供 3 组方波信号，1 组单脉冲 P_1~P_3）、1 组频率可选（1 Hz、10 Hz、100 Hz、1 kHz、10 kHz、1 MHz）的连续方波和 1 组 T_1~T_4 的时序信号。

（3）提供 1 组 6 位 LED 显示器、16 位逻辑电平输入开关、16 位二进制电平显示灯。

2．数字电路实验箱面板图

TKD-4 型数字电路实验箱实体面板图如图 1.10 所示。

3．数字电路实验箱实验区简介

实验区分布 IC 插座，大部分 IC 插座电源线地线已连接好，有几个插座电源线地线未接，供电源线地线不在对角线位置的集成电路使用。另有电阻、电容、二极管、三极管插孔及电位器等模拟电路设定区，供脉冲电路、模拟电路实验使用。

4．数字电路实验箱使用注意事项

（1）使用前应检查实验箱电源是否正常。先关闭实验箱电源，连接 220 V 交流电；然后打开电源开关，用电压表测量电源电压是否符合要求；若是时序电路，应检查单次脉冲及信号源的频率及幅度。

图 1.10　TKD-4 型数字电路实验箱实体面板图

（2）检查实验箱的输入与输出是否正常，若有故障，应及时检修，要保证每次实验前实验箱正常工作。

（3）TKD-4 型数字电路实验箱上的接线采用自锁紧插头、插孔（插座）。接线时，把插头插进插孔中，然后将插头按顺时针方向轻轻一拧则锁紧。拔出插头时，首先按逆时针方向轻轻拧一下插头，使插头和插孔之间松开，然后将插头从插孔中拔出。不要使劲拔插头，以免损坏插头和连线。导线长度的选择要合理，不要太长，同时尽量多用几种颜色。

（4）必须注意，不能带电插、拔器件。插、拔器件只能在断开电源的情况下进行。

第2章 集成逻辑门电路

集成逻辑门电路是数字电路的基础,本章简述集成逻辑门电路的类型和使用常识,介绍典型芯片的功能,对常见的门电路进行逻辑仿真,对电路实际测试提出指导,并给出基于可编程器件实现常见门电路的 VHDL 程序、仿真以及门电路故障诊断方法。

2.1 集成逻辑门电路实验目的与要求

(1)掌握 TTL 集成逻辑门主要参数的测试方法;
(2)掌握 TTL 器件的使用规则及应用;
(3)熟悉数字电路实验装置的结构,基本功能和使用方法。

2.2 集成逻辑门电路基础知识

用来实现基本逻辑关系的电子电路称为逻辑门电路,它是数字电路的基本单元。常用的逻辑门电路在逻辑功能上有与门、或门、与非门、或非门、与或非门、异或门等。

2.2.1 集成逻辑门电路的类型及特点

1)集成逻辑门电路逻辑功能分类

门电路按照逻辑功能不同,可以分为与门、或门、与非门、或非门、与或非门和异或门等。表 2.1 给出了不同门电路的功能描述及特点。

表 2.1 常见门电路的功能描述及特点

	与门	或门	与非门	或非门	异或门
图形符号	A—&—F B	A—≥1—F B	A—&—F B	A—≥1—F B	A—=1—F B
真值表	A B F 0 0 0 0 1 0 1 0 0 1 1 1	A B F 0 0 0 0 1 1 1 0 1 1 1 1	A B F 0 0 1 0 1 1 1 0 1 1 1 0	A B F 0 0 1 0 1 0 1 0 0 1 1 0	A B F 0 0 0 0 1 1 1 0 1 1 1 0
逻辑表达式	$F=AB$	$F=A+B$	$F=\overline{AB}$	$F=\overline{A+B}$	$F=A\oplus B$

续表

	与门	或门	与非门	或非门	异或门
特点	有0出0 全1出1	有1出1 全0出0	有0出1 全1出0	有1出0 全0出1	相同出0 不同出1
参考型号	7408、7411 7415、7421 CD4073 CD4081 CD4082	7432、CD4071 CD4072 CD4075	7400、7401 7410、7412 7420、7422 CD4012 CD4068	7402、7427 CD4025 CD4001 CD4002	74136、7486 CD4070

2）门电路结构分类及特点

按照集成逻辑门组成的有源器件的不同可分为两大类：一类为双极型晶体管集成电路，它主要有晶体管-晶体管逻辑门（Transistor Transistor Logic，TTL）、射极耦合逻辑门（Emitter Coupled Logic，ECL）和集成注入逻辑门（Integrated Injection Logic，I^2L）等几种类型；另一类为金属-氧化物-半导体场效应晶体管（Metal Oxide Semiconductor，MOS）集成电路，它又可分为 NMOS（N 沟道增强型 MOS 管构成的逻辑门）、PMOS（P 沟道增强型 MOS 管构成的逻辑门）和 CMOS（利用 PMOS 管和 NMOS 管互补电路构成的门电路，故又叫作互补 MOS 门）等几种类型。

目前数字系统中普遍使用 TTL 和 CMOS 集成电路。TTL 集成电路工作速度高、驱动能力强、但功耗大、集成度低；CMOS 集成电路集成度高、功耗低。超大规模集成电路基本上都是 MOS 集成电路，其缺点是工作速度略低。

2.2.2 典型门电路芯片

表 2.2 给出了几种常见门电路芯片引脚排列及功能表。

表 2.2 常见门电路芯片引脚排列及功能表

名称	芯片引脚排列	功能
与非门	74LS00（14脚：V_{CC}、4A、4B、4Y、3A、3B、3Y；1-7脚：1A、1B、1Y、2A、2B、2Y、GND）	2 输入 4 与非门（TTL） $F = \overline{AB}$
	74LS20（14脚：V_{CC}、2D、2C、2B、2A、2Y；1-7脚：1A、1B、1C、1D、1Y、GND）	4 输入 2 与非门（TTL） $F = \overline{ABCD}$

续表

名 称	芯片引脚排列	功 能
与非门	CC4011 (14:V_{DD}, 13:B_4, 12:A_4, 11:Y_4, 10:Y_3, 9:B_3, 8:A_3; 1:A_1, 2:B_1, 3:Y_1, 4:Y_2, 5:A_2, 6:B_2, 7:V_{SS})	2 输入 4 与非门（CMOS） $F = \overline{AB}$
或非门	74LS02 (14:V_{CC}, 13:4Y, 12:4B, 11:4A, 10:3Y, 9:3B, 8:3A; 1:1Y, 2:1A, 3:1B, 4:2Y, 5:2A, 6:2B, 7:GND)	2 输入 4 或非门（TTL） $F = \overline{A+B}$
	CC4001 (14:V_{DD}, 13:B_4, 12:A_4, 11:Y_4, 10:Y_3, 9:B_3, 8:A_3; 1:A_1, 2:B_1, 3:Y_1, 4:Y_2, 5:A_2, 6:B_2, 7:V_{SS})	2 输入 4 或非门（CMOS） $F = \overline{A+B}$
异或门	74LS86 (14:V_{CC}, 13:B_4, 12:A_4, 11:Y_4, 10:B_3, 9:A_3, 8:Y_3; 1:A_1, 2:B_1, 3:Y_1, 4:A_2, 5:B_2, 6:Y_2, 7:GND)	2 输入 4 异或门（TTL） $F = A \oplus B$
	CC4030 (14:V_{DD}, 13:B_4, 12:A_4, 11:Y_4, 10:Y_3, 9:B_3, 8:A_3; 1:A_1, 2:B_1, 3:Y_1, 4:Y_2, 5:A_2, 6:B_2, 7:V_{SS})	2 输入 4 异或门（CMOS） $F = A \oplus B$
三态门	74LS125 (14:V_{CC}, 13:4C, 12:4A, 11:4Y, 10:3C, 9:3A, 8:3Y; 1:1C, 2:1A, 3:1Y, 4:2C, 5:2A, 6:2Y, 7:GND)	2 输入 4 三态门（TTL） 三态门有三种状态：逻辑 0 状态、逻辑 1 状态和高阻态

名称	芯片引脚排列	功能
OC门	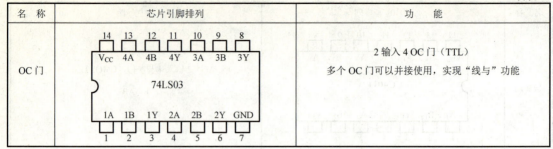	2输入4 OC门（TTL） 多个OC门可以并接使用，实现"线与"功能

2.2.3 TTL门电路的主要参数

1）低电平输出电源电流 I_{CCL} 和高电平输出电源电流 I_{CCH}

与非门处于不同的工作状态，电源提供的电流是不同的。I_{CCL} 是指所有输入端悬空，输出端空载时，电源提供器件的电流。I_{CCH} 是指输出端空载，每个门各有一个以上的输入端接地，其余输入端悬空，电源提供给器件的电流。通常 $I_{CCL} > I_{CCH}$，它们的大小标志着器件静态功耗的大小，器件的最大功耗为 $P_{CCL} = V_{CC} I_{CCL}$。

2）低电平输入电流 I_{iL} 和高电平输入电流 I_{iH}

I_{iL} 是指被测输入端接地，其余输入端悬空，输出端空载时，由被测输入端流出的电流值。在多级门电路中，I_{iL} 相当于前级门输出低电平时，后级向前级门灌入的电流，因此它关系到前级门的灌电流负载能力，即直接影响前级门电路带负载的个数，因此希望 I_{iL} 小一些。

I_{iH} 是指被测输入端接高电平，其余输入端接地，输出端空载时，流入被测输入端的电流值。在多级门电路中，它相当于前级门输出高电平时，前级门的拉电流负载，其大小关系到前级门的拉电流负载能力，希望 I_{iH} 小些。由于 I_{iH} 较小，难以测量，一般不测量。

3）扇出系数 N_o

扇出系数 N_o 是指门电路能驱动同类门的个数，它是衡量门电路负载能力的一个参数。TTL 与非门有两种不同性质的负载，即灌电流负载和拉电流负载，因此有两种扇出系数，即低电平扇出系数 N_{OL} 和高电平扇出系数 N_{OH}。通常 $I_{iH} < I_{iL}$，则 $N_{OH} > N_{OL}$，故常以 N_{OL} 作为门的扇出系数。

4）电压传输特性

门的输出电压 V_o 随输入电压 V_i 而变化的曲线 $V_o = f(V_i)$ 称为门的电压传输特性，通过它可读得门电路的一些重要参数，如输出高电平 V_{OH}、输出低电平 V_{OL}、关门电平 V_{off}、开门电平 V_{on}、阈值电平 V_T 及抗干扰容限 V_{NL}、V_{NH} 等值。

5）平均传输延迟时间 t_{pd}

t_{pd} 是衡量门电路开关速度的参数，它是指输出波形边沿的 $0.5V_m$ 至输入波形对应边沿 $0.5V_m$ 点的时间间隔，如图 2.1 所示。

图 2.1（a）中的 t_{pdL} 为导通延迟时间，t_{pdH} 为截止延迟时间，平均传输延迟时间为

$$t_{pd} = (t_{pdL} + t_{pdH})/2$$

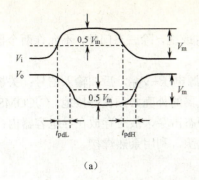 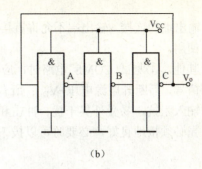

(a)　　　　　　　　　　　　　　　(b)

图 2.1　传输延迟特性（a）和 t_{pd} 的测试电路（b）

t_{pd} 的测试电路如图 2.1（b）所示，由于 TTL 门电路的延迟时间较小，直接测量对信号发生器和示波器的性能要求较高，故实验采用测量由奇数个与非门组成的环形振荡器的振荡周期 T 来求得。其工作原理是：假设电路在接通电源后某一瞬间，电路中的 A 点为逻辑 1，经过三级门的延迟后，使 A 点由原来的逻辑 1 变为逻辑 0；再经过三级门的延迟后，A 点电平又重新回到逻辑 1。电路中其他各点电平也跟随变化。说明使 A 点发生一个周期的振荡，必须经过 6 级门的延迟时间，因此平均传输延迟时间为

$$t_{pd} = T/6$$

TTL 电路的 t_{pd} 一般在 10～40 ns 之间。

2.2.4　集成门电路的使用规则

1. TTL 器件的使用规则

（1）电源电压 V_{CC}。应严格保持在 5 V±10% 的范围内，过高易损坏器件，过低则不能正常工作。

（2）电源滤波。TTL 器件的高速切换，会产生电流跳变，其幅度为 4～5 mA。该电流在公共走线上的降压会引起噪声干扰，因此要尽量缩短地线，以减小干扰。可在电源端并接一个 100 μF 的电容作为低频滤波，以及 1 个 0.01～0.1 μF 的电容作为高频滤波。

（3）输入端的连接。输入端可以串入 1 只 1～10 kΩ 电阻与电源连接或直接接电源电压 +V_{CC} 来获得高电平输入。直接接地为低电平输入。或门、或非门等 TTL 电路的多余输入端不能悬空，只能接地；与门、与非门等 TTL 电路的多余输入端可以悬空（相当于接高电平），但因悬空时对地呈现的阻抗很高，容易受到外界干扰，所以可将它们直接接电源电压+V_{CC} 或与其他输入端并联使用，以增加电路的可靠性。但与其他输入端并联时，从信号获取的电流将增加。

（4）输出端的连接。不允许输出端直接接+5 V 或接地。对于 100 pF 以上的容性负载，应串接几百欧的限流电阻，否则会导致器件损坏。除集电极开路（OC）门和三态（TS）门外，其他门电路的输出端不允许并联使用；否则，会引起逻辑混乱或损坏器件。

2. CMOS 器件的使用规则

（1）电源电压。电源电压不能接反，规定+V_{DD} 接电源正极，V_{SS} 接电源负极（通常接地）。

（2）输入端的连接。输入端的信号电压 V_I 应为：$V_{SS} \leq V_I \leq V_{DD}$，超出该范围会损坏器件内部的保护二极管或绝缘栅极，可在输入端串接一只限流电阻（10～100 kΩ）。所有多余的输入端不能悬空，应按照逻辑要求直接接+V_{DD} 或 V_{SS}（地）。工作速度不高时允许输入端并联

（3）输出端的连接。输出端不允许直接接+V_{DD}或地，除三态门外，不允许两个器件的输出端并联使用。

（4）其他。①测试COMS电路时，应先加电源电压+V_{DD}，后加输入信号；关机时应先切断输入信号，后断开电源电压+V_{DD}；所有测试仪器的外壳必须良好接地。②COMS电路具有很高的输入阻抗，易受外界干扰、冲击和出现静态击穿，故应存放在导电容器内；焊接时电烙铁外壳必须接地良好，必要时可以拔下烙铁电源，利用余热焊接。

2.3 门电路的EDA仿真

1．74LS00D的功能仿真

在Multisim软件中，从TTL库中调74LS00D，从元器件库中调出R1、R2、R3、R4，发光二极管LED1、LED2，从基本库中调V1、GND、Key，从指示库中调X1等元件，连线构建74LS00D的功能仿真电路如图2.2所示。按照功能表分别拨动J1和J2开关，即改变输入A和B的状态，观察输出端的状态变化。其中，输入端的电平用发光二极管（LED1、LED2）指示，输出端的电平用灯泡X1指示。图2.2所示是当74LS00D输入端分别为"1"和"0"时，输出"1"时的仿真结果。

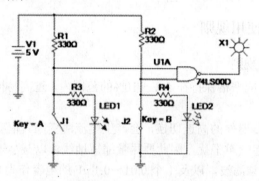

图2.2　74LS00D功能仿真电路

由仿真结果可知：当74LS00D的两个输入端输入均为"1"时，输出结果为"0"，输入端有一端为"0"时，输出结果为"1"。

2．74LS00D电压传输特性测试仿真

在Multisim软件中，从TTL库中调74LS00D，从基本库中调V1、GND，连线构建74LS00D电压传输特性测试仿真电路，如图2.3所示。在Multisim仿真平台上对直流电压源进行直流参数扫描分析，就可以得到电压传输特性，如图2.4所示。

3．74LS125N的功能仿真

在Multisim软件中，按照图2.5所示的电路，从元器件库中调用74LS125N、逻辑开关J1，J2、VCC、逻辑指示X1等元件，连线构建74LS125N功能仿真电路。按照功能表分别拨动J1、J2，即改变74LS125N两个输入端的状态，观察输出端的状态变化。

从仿真结果上来看，当B输入为"1"时，无论A输入为何值，输出为高阻态；当B输入为"0"时，A输入为"0"，则输出为"0"，A输入为"1"，则输出为"1"。

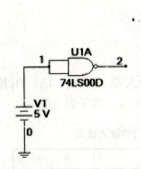
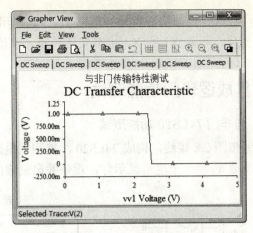

图 2.3　74LS00D 电压传输特性测试仿真电路　　　图 2.4　电压传输特性曲线

4．CD4001 BD_5V 的功能仿真

在 Multisim 软件中，按照图 2.6 所示的电路，从元器件库中调用 CD4001 BD_5 V、逻辑开关 J1，J2、VCC、逻辑指示 X1 等元件，连线构建 CD4001 BD_5 V 功能仿真电路。

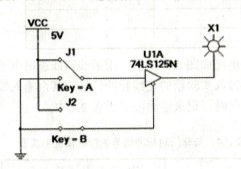
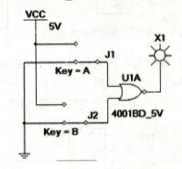

图 2.5　74LS125N 的功能仿真电路　　　图 2.6　CD4001 BD_5 V 的功能仿真电路

启动仿真，按照功能表分别拨动 J1、J2，即改变 CD4001 BD_5 V 两个输入端的状态，观察输出端的状态变化，可知 CD4001 BD_5 V 是或非门。

5．摩根定律的仿真

在 Multisim 软件中，按照图 2.7 所示的电路，从元器件库中调用所有的元件，连线构建摩根定律的仿真电路。

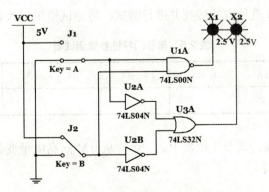

图 2.7　摩根定律的仿真电路

· 25 ·

启动仿真，按照功能表分别拨动 J1、J2，即改变两个输入 A 和 B 的状态，观察输出端的状态变化，可知 X1 和 X2 状态变化一致，从而验证了摩根定律 $Y = \overline{AB} = \overline{A} + \overline{B}$。

2.4 集成逻辑门功能测试

1. 与非门 74LS20 功能测试

（1）按图 2.8 接线，构成 74LS20 功能测试电路。四个输入端 A_1、B_1、C_1、D_1 接逻辑开关，输出端 Y_1 接一个电平显示灯，观察并记录输出 Y_1 端的状态，填于表 2.3 中。

表 2.3　与非门功能测试表

输入				输出
A_1	B_1	C_1	D_1	Y_1
0	0	0	0	
0	1	1	1	
1	0	1	1	
1	1	0	1	
1	1	1	0	
1	1	1	1	

图 2.8　与非门功能测试电路

（2）观察与非门对脉冲信号的控制作用，电路如图 2.9 所示，用示波器或逻辑电平显示器观察输入、输出波形。将与非门一个输入端接入实验箱的连续脉冲信号，其余输入端接同一逻辑开关，当逻辑开关依次置"0"和置"1"时，记录输出波形于表 2.4 中。

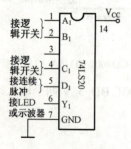

表 2.4　与非门对脉冲信号的控制情况测试表

输入	逻辑开关	输出
D_1	（$A_1 B_1 C_1$）	Y_1
连续脉冲		
连续脉冲		

图 2.9　与非门对脉冲信号的控制测试电路

2. 与非门 74LS20 主要参数的测试

（1）分别按图 2.10 五种方式接线并进行测试，将测试结果记入表 2.5 中。

表 2.5　与非门特性参数测试表

I_{CCL}/mA	I_{CCH}/mA	I_{iL}/mA	I_{OL}/mA	$N_o = I_{OL}/I_{iL}$	$t_{pd} = T/6$/(ns)

（2）按图 2.11 接线，调节电位器 R_W，使 V_i 从 0 V 向高电平变化，逐点测量 V_i 和 V_o 的对应值，记录于表 2.6 中。

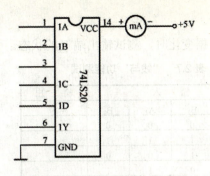
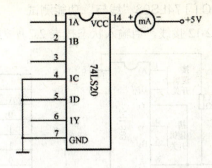

(a) 低电平输出电源电流 I_{CCL} 测试电路　　　　(b) 高电平输出电源电流 I_{CCH} 测试电路

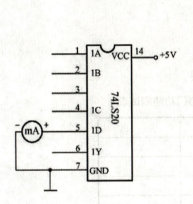
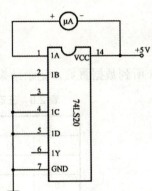
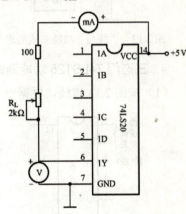

(c) 低电平输入电流 I_{iL} 测试电路　　(d) 高电平输入电流 I_{iH} 测试电路　　(e) 扇出系数测试电路

图 2.10　与非门特性参数测试电路

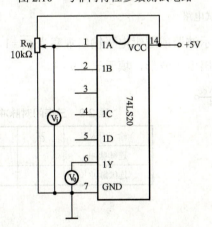

图 2.11　与非门电压传输特性测试电路

表 2.6　与非门电压传输特性测试表

V_i/V	0	0.2	0.4	0.6	0.8	1.0	1.5	2.0	2.5	3.0	3.5	4.0	…
V_O/V													

3. OC 门 74LS03 "线与" 功能测试

按图 2-12 接线,当输入状态按表 2.7 所列数据变化时,测试输出端 F 的状态。

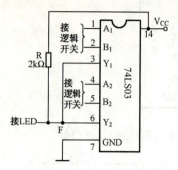

表 2.7 "线与"功能测试

输入				输出
A_1	B_1	A_2	B_2	F
0	0	0	0	
1	1	1	1	
1	1	0	0	
0	0	1	1	
1	0	1	1	
1	1	0	1	

图 2.12 "线与"功能测试电路

4. 三态门 74LS125 功能测试

(1) 按图 2.13 接线,根据表 2.8 所列数据置数,记录结果。

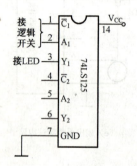

表 2.8 三态门功能测试表

输入		输出
$\overline{C}$	A_1	Y_1
0	0	
0	1	
1	0	
1	1	

图 2.13 三态门功能测试电路

(2) 按图 2.14 接线,用示波器或逻辑电平输出观察当 $\overline{C_1}=1$,$\overline{C_1}=0$ 时输出电压的波形,并画出两种情况下的输入/输出电压波形,填于表 2.9 中。

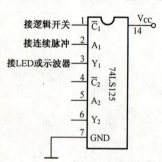

表 2.9 三态门对脉冲信号的控制作用测试表

输入		$\overline{C_1}$	输出
连续脉冲			
连续脉冲			

图 2.14 三态门对脉冲信号的控制测试电路

5. 或非门 CD4001 功能测试

按图 2.15 接线,两个输入端 A、B 接逻辑开关,输出端 Q 接逻辑电平显示器,记录数据于表 2.10 中。

6. 摩根定律的验证

设计电路,验证摩根定律 $Y = \overline{AB} = \overline{A} + \overline{B}$。

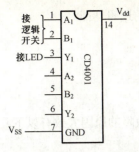

表 2.10 或非门功能测试表

输入		输出
A	B	Q
0	0	
0	1	
1	0	
1	1	

图 2.15 或非门功能测试电路

7. 基于 VHDL 实现的基本逻辑门电路

在基于可编程开发环境中，基本逻辑门电路的 VHDL 程序如下：

```
--allgate.vhd
LIBRARY ieee;
USE ieee.std_logic_1164.ALL;
ENTITY allgate IS
PORT(a,b: IN std_logic;
    g_inv,g_and,g_nand,g_or,g_nor,g_xor,g_nxor:OUT std_logic);
END allgate;
ARCHITECTURE bhv OF allgate IS
BEGIN
g_inv<=NOT a;
g_and<=a AND b;
g_nand<=a NAND b;
g_or<=a OR b;
g_nor<=a NOR b;
g_xor<=a XOR b;
g_nxor<=NOT(a XOR b);
END bhv;
```

根据可编程器件的开发步骤，在完成输入、编辑、仿真和下载后，实际测试即可。图 2.16 所示是该程序在 Quartus II 环境中的逻辑仿真。

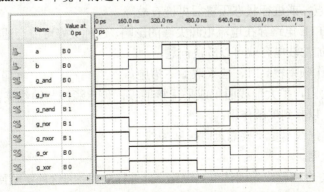

图 2.16 在 Quartus II 环境中门电路功能的逻辑仿真

由图 2.16 可知，该 VHDL 程序实现了基本逻辑门电路的逻辑功能。

2.5 门电路故障的分析及诊断

1. 门电路常见故障的分析

当电路不能实现预期的逻辑功能时，就称为故障，产生故障的原因大致有以下几个方面：

（1）电路设计错误；

（2）布线错误；

（3）元器件使用不当或器件损坏；

（4）仪器（或数字电路实验箱）本身出现故障。

据粗略统计，在教学实验中，大约有 70%以上的故障是由于布线错误引起的，布线错误不仅会引起电路故障，严重时甚至损坏集成器件。

2. 门电路常见故障的诊断

（1）检查集成电路是否均加上了电源和输入信号。可靠的检查方法是用三用表直接测量集成电路的 V_{CC} 和地引脚之间的电压。检查输入信号、时钟脉冲等是否加到实验电路上，观察输出端有无反应等。这种方法就是静态测量，使电路处于某一输入状态下，检查电路的输出是否符合要求，并按真值表检查电路是否全部功能正常。若有差错必须重复测试，细心观察故障现象，然后让电路固定在某一故障状态，用三用表测试各输入、输出端的直流电平是否符合要求，从而判断集成电路插座、集成电路引脚或连线等造成故障的原因。集成电路插座故障通常是弹簧弹性减弱，造成接触不良所致。

（2）改变输入状态，判断故障。如果输出保持高电平不变，则集成电路可能没有接地或接触不良；若输入信号与输出信号以同样规律变化，则集成电路可能没有接通电源。

（3）采用代换法检查故障。对于多个输入端的器件，实际使用中如果有多余端口，在检查故障时可调换其另一个输入端试用，必要时可更换器件，以排除器件不合格所引起的故障。

（4）采用动态检查逐级跟踪检查故障。动态检查是在输入端加一个有规律的信号，按信号流程依次检查各级波形，直到查出故障为止。例如，十进制计数器，若发现计数到某一级后不正常，则可基本确定该级电路有问题。要么触发器本身不正常，要么反馈等输入未加入到这一级输入端，或该级连线有错，接触不良等，从而排除可能出现的故障。

（5）断开反馈线检查。对于含有反馈线的闭合电路，应设法断开反馈线，然后对该电路进行上述内容的检查，或进行状态预置后再检查故障。

（6）注意消除 TTL 电路存在电流电源尖峰的影响，这种尖峰可能会通过电源耦合破坏电路正常工作，只要加滤波电容就可以解决问题。

（7）在电路工作频率较高时，应采取如下措施：

- 检查电源内阻，扩大地线面积或采用接触板，使电源线与地线夹在相邻的输入和输出线之间，以起到屏蔽作用；
- 各输入、输出线尽量不要靠近时钟脉冲线；
- 缩短引线长度。

（8）对于大型综合实验应先调试单元电路，再进行联调。因这种实验使用集成器件较多，可按功能划分为若干独立的子电路，在个子单元调试正常后，最后将子单元连接起来进行联调。

以上介绍的是关于实验电路故障的检查和排除方法，是在仪器工作正常的情况下进行的。如果实验时电路功能测不出来，则首先应检查电源电压，检查实验箱供电情况及输出信号是否正常。若供电正常，只要把有关输出端接至本身的"0~1"显示器，就能从发光二极管的亮暗情况判断各输出信号是否正常，从而判断哪一部分电路工作不正常。

2.6 实验报告及思考题

（1）列表整理各类门电路的逻辑功能，并说明各类门电路在逻辑功能上的区别。

（2）CMOS 器件与一般 TTL 器件相比有什么特点？在什么场合下选用 CMOS 器件？

（3）怎样判断门电路的逻辑功能是否正常？与非门多余输入端应如何处理？

第 3 章　组合逻辑电路

组合逻辑电路实验是数字电路实验的重要部分，本章简述全加器、译码器和数据选择器 3 个典型实验的基础知识，给出它们的 EDA 仿真，对组合逻辑电路的设计和电路实际测试提出指导，并给出基于可编程器件实现部分典型电路的 VHDL 程序及仿真，同时介绍组合逻辑电路故障检测基本步骤。

3.1　全加器

3.1.1　全加器实验目的与要求

（1）掌握全加器电路的逻辑功能及结构特点；
（2）掌握全加器电路的设计及测试方法；
（3）熟悉组合逻辑电路故障检测基本步骤；
（4）学会全加器及其电路仿真；
（5）了解用 VHDL 实现 1 位全加器的方法。

3.1.2　全加器基础知识

全加器是数字系统尤其是计算机中最基本的运算单元电路，其主要功能是实现二进制数算术加法运算，所谓全加器是指既考虑低位来的进位又考虑对高位进位的加法器。

1. 全加器功能及结构特点

1）1 位全加器

完成 1 位全加算术运算功能的逻辑电路称为 1 位全加器。
由门电路构成的 1 位全加器的真值表和逻辑电路图分别如表 3.1 和图 3.1 所示。
A 和 B 是两个输入的 1 位二进制数，C_i 是低位二进制数相加向本位的进位，则 F 为本位和，C_o 为 A、B 和 C_i 相加向高位的进位输出。

表 3.1　1 位全加器的真值表

A	B	C_i	F	C_o
0	0	0	0	0
0	0	1	1	0
0	1	0	1	0
0	1	1	0	1
1	0	0	1	0
1	0	1	0	1
1	1	0	0	1
1	1	1	1	1

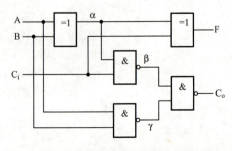

图 3.1　1 位全加器的逻辑电路

1位全加器逻辑符号如图3.2所示。

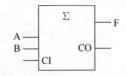

图3.2　1位全加器逻辑符号

F和C_o的逻辑表达式为：

$$F = A \oplus B \oplus C_i$$

$$C_o = AB + (A \oplus B) \cdot C_i = \overline{\overline{AB} \cdot \overline{(A \oplus B) \cdot C_i}}$$

若用最小项来表示，F和C_o则可以表示为：

$$F = \overline{A}\overline{B}C + \overline{A}B\overline{C} + A\overline{B}\overline{C} + ABC = m_1 + m_2 + m_4 + m_7$$

$$C_o = \overline{A}BC + A\overline{B}C + AB\overline{C} + ABC = m_3 + m_5 + m_6 + m_7$$

2）4位串行进位全加器

以串行方式完成4位全加算术运算功能的逻辑电路，称为4位串行进位全加器。

4位串行进位全加器的逻辑电路如图3.3所示。由4个1位全加器串联就可构成4位串行进位全加器。计算从最低位开始，在每1位进行1位全加运算，计算依次向高位推移，直至最高位。

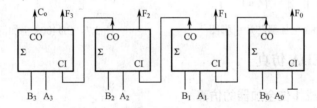

图3.3　4位串行进位全加器的逻辑电路

每一位采用与1位全加器中完全相同的计算规律，故其真值表与1位全加器相同。4位串行进位全加器逻辑符号如图3.4所示。

3）4位超前进位全加器

以并行方式完成4位全加算术运算功能的逻辑电路，称为4位并行全加器。所谓并行方式的4位全加算术运算，即高位的加法计算不需要前一位的进位输出信息，它所需的所有信息均直接来自于参与计算的2个4位数，所以各位的计算在同一时刻完成。

算术运算中的加减乘除运算，往往是分解转化为加法运算，因此，加法器是运算电路的核心。常用的具有超前进位功能的4位全加器74LS283，是典型的中规模二进制超前进位全加法器，其逻辑符号如图3.5所示。其中，$A_4 A_3 A_2 A_1$和$B_4 B_3 B_2 B_1$分别为4位二进制被加数和加数输入，C_0为最低位的进位输入，$S_4 S_3 S_2 S_1$为相加后的4位和输出，C_4为相加后的进位输出。它可以完成$A_4 A_3 A_2 A_1 + B_4 B_3 B_2 B_1 + C_0 = C_4 S_3 S_2 S_1 S_0$二进制加法运算功能。由于真值表表示比较烦琐，此处从略。

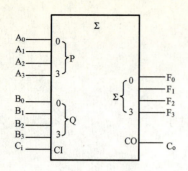
图 3.4 4 位串行进位全加器逻辑符号

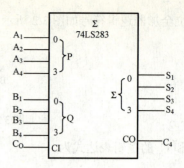
图 3.5 74LS283 逻辑符号

2. 典型全加器芯片

常用的 4 位超前进位加法器有 CT54283/CT74283、CT54S283/CT74S283、CT54LS283/CT74LS283、CD4008 等,后两种芯片的引脚图如图 3.6 和图 3.7 所示。

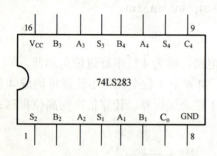
图 3.6 74LS283 全加器芯片引脚图

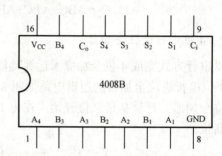
图 3.7 CD4008 全加器芯片引脚图

3.1.3 全加器的 EDA 仿真

1. 由门电路构成 1 位全加器的仿真

在 Multisim11 软件中,按照图 3.8 所示的电路,从 TTL 库中调 74LS00D、74LS86N,从基本库中调 VCC、GND、J1、J2、J3,从指示库中调 X1、X2 等元件,连线构建 1 位全加器仿真电路。图 3.8 中的逻辑开关 J1、J2 和 J3 依次控制两个输入的 1 位二进制数 A、B 及低位二进制数相加向本位的进位 C_i,发光二极管 X1、X2 分别表示本位输出 F 和向高位的进位 C_o。按照功能表分别拨动 J1、J2 和 J3,即改变输入状态,观察输出的状态变化。

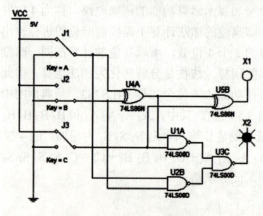
图 3.8 1 位全加器仿真图

从仿真结果可知，此电路实现了考虑低位进位的 1 位二进制数的加法功能。

2．74LS283 和 CD4008 的功能仿真

（1）74LS283 是一个 4 位超前进位的二进制全加器。在图 3.9 中逻辑开关 J1~J9 依次控制 A4~A1、B4~B1 和 CO 的输入；发光二极管 X1~X5 分别表示本位输出 SUM_4、SUM-3、SUM_2，SUM_1 和向高位的进位 C4。按照功能表分别拨动 J1~J9，即改变输入状态，观察输出的状态变化。该电路能实现 A4 A3 A2 A1+ B4 B3 B2 B1+CO= C4SUM_4SUM-3SUM_2SUM_1 运算。图 3.9 显示的是当 A4 A3 A2 A1=0110，B4 B3 B2 B1=1011，CO=1 时仿真输出为 SUM_4SUM- 3SUM_2SUM_1=0010 和 C4=1，与加法运算结果吻合，因此仿真正确。

（2）CD4008BP_5V 是 CMOS 的 4 位全加器，图 3.10 中逻辑开关 J1~J9 依次控制 A3~A0、B3~B0、CIN 的输入；发光二极 X1~X5 分别表示本位输出 S0，S1，S2，S3 和向高位的进位 COUT。按照功能表分别拨动 J1~J9，即改变输入状态，观察输出的状态变化。该电路能实现 A3A2A1A0+B3B2B1B0+CIN=COUT S3S2S1S0 运算。图 3.10 显示的是当 A3A2A1A0=0110，B3B2B1B0=1101，CIN=0 时输出 S3S2S1S0=0011 和 COUT=1，与加法运算结果吻合，仿真正确。

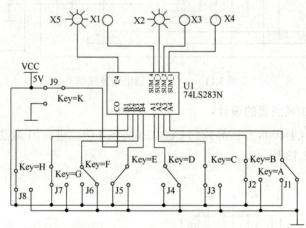

图 3.9　74LS283N 功能仿真电路

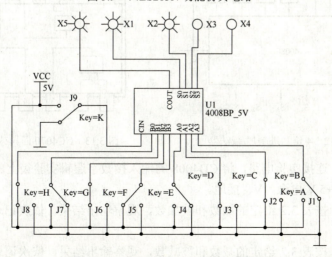

图 3.10　CD4008BP_5V 功能仿真电路

3.1.4 全加器电路

1. 1位全加器设计

用四 2 输入与非门 74LS00 和四 2 输入异或门 74LS86 设计 1 位全加器。用 A、B 表示本位的两个操作数，C_i 表示低位来的进位数，S 表示本位和，C_o 表示本位的进位输出。

（1）将图 3.1（1 位全加器的原理图）转换成图 3.11 所示的电路连线图。

（2）在电路中输入变量 A、B、C_i 接数字电路实验箱上的逻辑开关，输出 S、C_o 接 LED 电平指示灯。

（3）给输入变量 A、B、C_i 不同的组合，观察输出指示，记录结果，讨论其功能。

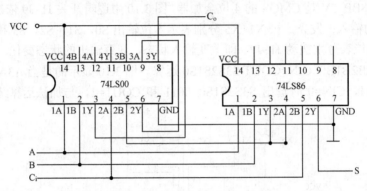

图 3.11 一位全加器电路连线图

2. 4 位二进制加/减法器的设计

利用 4 位全加器 CD4008 和四异或门 CC4070 构成 4 位二进制加/减法器，如图 3.12 所示。CC4070 引脚图如图 3.13 所示。

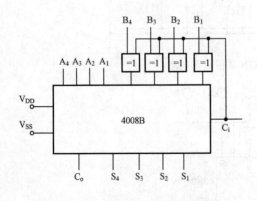

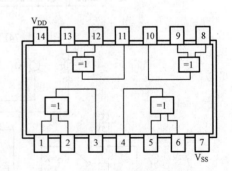

图 3.12 4 位二进制加/减法器　　　　图 3.13 CC4070 四异或门芯片引脚图

（1）按图 3.12 连接实验电路，将 CD4008 的输入接数字逻辑实验箱上的逻辑开关，输出接指示灯，V_{DD} 接+5 V 电源，V_{SS} 接地。

（2）令 C_i=0，按表 3.2 给定的加数和被加数，观察输出结果，依次记录于表 3.2 的加运算栏中。

（3）令 C_i=1，按表 3.2 给定的减数和被减数，观察输出结果，依次记录于表 3.2 的减运算栏中。

表 3.2 4 位二进制加/减运算

被加数（被减数）					加数（减数）					输出（加运算，$C_i=0$）						输出（减运算，$C_i=1$）					
A_4	A_3	A_2	A_1	十进制	B_4	B_3	B_2	B_1	十进制	C_o	S_4	S_3	S_2	S_1	十进制	C_o	S_4	S_3	S_2	S_1	十进制
1	0	1	0	10	1	1	1	1	15												
0	1	0	1	5	0	1	0	0	4												
0	1	1	1	7	0	1	1	1	7												
1	0	0	0	8	0	1	0	1	5												
0	1	1	0	6	1	0	0	1	9												
1	1	1	0	14	0	1	1	1	7												
1	0	1	1	11	0	0	0	0	0												
0	0	1	0	2	0	1	0	0	4												
1	1	1	1	15	1	1	1	0	14												

（4）根据上面的结果进行讨论。

3. 全加器应用设计

1）设计任务

（1）用 4 位全加器 74LS283 和门电路，设计一个将 8421BCD 码转换成余 3 BCD 码的电路，列表验证其真值表；

（2）用两片 4 位全加器 74LS283 和门电路，实现两个 1 位 8421BCD 码十进制加法运算电路。

2）设计要求

（1）根据任务要求写出设计步骤，选定器件；

（2）根据所选器件画出电路图；

（3）写出实验步骤和测试方法，设计实验记录表格；

（4）进行安装、调试及测试，排除实验过程中的故障；

（5）分析、总结实验结果。

3.1.5 基于 VHDL 实现 1 位全加器

在可编程器件开发环境中，1 位全加器的 VHDL 程序如下：

```
--adder
LIBRARY IEEE;
USE IEEE.STD_LOGIC_1164.ALL;
USE IEEE.STD_LOGIC_ARITH.ALL;
USE IEEE.STD_LOGIC_UNSIGNED.ALL;
ENTITY adder IS
PORT (a,b,ci:IN STD_LOGIC;
      s,co: OUT STD_LOGIC);
END adder;
ARCHITECTURE bhv OF adder IS
```

```
          BEGIN
        PROCESS(a,b,ci)
         VARIABLE tmp1,tmp2,tmp3:STD_LOGIC;
         BEGIN
           tmp1:= a XOR b;
           tmp2:=tmp1 NAND ci;
           tmp3:=a NAND b;
           s<=tmp1 XOR ci;
           co<=tmp2 NAND tmp3;
         END PROCESS;
        END bhv;
```

根据可编程器件的开发步骤，在完成输入、编辑、仿真和下载后，实际测试即可。图 3.14 是该程序在 Quartus II 环境中的逻辑仿真图。

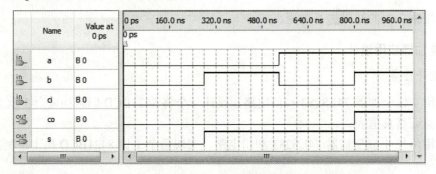

图 3.14　在 Quartus II 环境中 1 位全加器的逻辑仿真图

由图 3.14 可知，该 VHDL 程序实现了 1 位全加器的逻辑功能。

3.1.6　组合逻辑电路故障检测

若组合逻辑电路功能异常，说明电路中存在故障，检查电路故障的基本步骤为：
（1）检查电路设计是否有误。
（2）检查电路连接是否与原理图一致。
（3）检查芯片上的"电源"和"地"是否连接正确，有没有电压。
（4）检查仪器仪表的连接与设置是否合理。
（5）若以上 4 步均无问题，则检查导线是否有断线，集成电路器件是否有损坏，数字电路实验箱是否有故障。更换导线、芯片或检修实验箱即可排除故障。

3.1.7　实验报告及思考题

（1）写出实验目的、实验中所使用的仪器仪表及器材。
（2）写出实验内容和电路的设计过程，并画出逻辑电路图。
（3）体会各类全加器的应用。
（4）记录实验测试结果，并分析实验过程中出现的问题。
（5）如何用两片 CD4008 实现 8 位二进制数加法？画出电路图。
（6）用全加器实现两数相减时，结果的符号如何判断？

（7）在用全加器实现两数相加的实验中，如果选用的译码器为 BCD 译码器（例如，选择 CC4511），当译码输入为 1010~1111 时，输出全为"0"，数码管熄灭，为什么？

3.2 译码器

3.2.1 译码器实验目的与要求

（1）掌握译码器的工作原理和特点；
（2）掌握常用译码器的逻辑功能和典型应用；
（3）熟悉组合逻辑电路故障的判断方法；
（4）学会译码器及其电路仿真；
（5）了解用 VHDL 实现译码器的方法。

3.2.2 译码器基础知识

译码器是一个多输入、多输出的组合逻辑电路，它的作用是把给定的代码进行"翻译"，变成相应的状态，使输出通道中相应的一路有信号输出。译码器在数字系统中有广泛的用途，不仅用于代码的转换、终端的数字显示，还用于数据分配、存储器寻址和组合控制信号等。不同的功能可选用不同种类的译码器。

译码器可分为通用译码器和显示译码器两大类。前者又分为变量译码器和代码变换译码器。其特点是：译码器是多输入、多输出的组合逻辑电路，输入是以 n 位二进制代码形式出现，输出是与之对应的电位信息。

1. 变量译码器

变量译码器（又称二进制译码器），用于表示输入变量的状态，如 2-4 线、3-8 线和 4-16 线译码器。若有 n 个输入变量，则有 2^n 个不同的组合状态，就有 2^n 个输出端供其使用。而每一个输出所代表的函数对应于 n 个输入变量的最小项。以 3 线-8 线译码器 74LS138 为例进行分析，图 3.15（a）、图 3.15（b）分别为其逻辑图及引脚排列。其中 A_2、A_1、A_0 为地址输入端，$\overline{Y}_0 \sim \overline{Y}_7$ 为译码输出端，S_1、$\overline{S}_2$、$\overline{S}_3$ 为使能端。

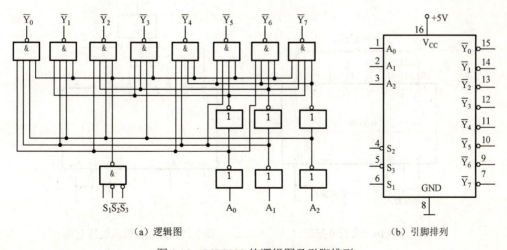

（a）逻辑图　　　　　　　　　　　（b）引脚排列

图 3.15　74LS138 的逻辑图及引脚排列

表 3.3 所示为 74LS138 功能表。

表 3.3　74LS138 功能表

输入					输出							
S_1	$\bar{S}_2+\bar{S}_3$	A_2	A_1	A_0	$\bar{Y}_0$	$\bar{Y}_1$	$\bar{Y}_2$	$\bar{Y}_3$	$\bar{Y}_4$	$\bar{Y}_5$	$\bar{Y}_6$	$\bar{Y}_7$
1	0	0	0	0	0	1	1	1	1	1	1	1
1	0	0	0	1	1	0	1	1	1	1	1	1
1	0	0	1	0	1	1	0	1	1	1	1	1
1	0	0	1	1	1	1	1	0	1	1	1	1
1	0	1	0	0	1	1	1	1	0	1	1	1
1	0	1	0	1	1	1	1	1	1	0	1	1
1	0	1	1	0	1	1	1	1	1	1	0	1
1	0	1	1	1	1	1	1	1	1	1	1	0
0	×	×	×	×	1	1	1	1	1	1	1	1
×	1	×	×	×	1	1	1	1	1	1	1	1

当 $S_1=1$，$\bar{S}_2+\bar{S}_3=0$ 时，器件使能，地址码所指定的输出端有信号（为 0）输出，其他输出端均无信号（全为 1）输出。当 $S_1=0$，$\bar{S}_2+\bar{S}_3=X$ 时，或 $S_1=X$，$\bar{S}_2+\bar{S}_3=1$ 时，译码器被禁止，所有输出同时为 1。因此器件要正常工作，使能端必须全部为有效状态。

二进制译码器实际上也是负脉冲输出的脉冲分配器。若利用使能端中的一个输入端输入数据信息，器件就成为一个数据分配器（又称多路分配器），如图 3.16 所示。若在 S_1 输入端输入数据信息，$\bar{S}_2=\bar{S}_3=0$，地址码所对应的输出是 S_1 数据信息的反码；若从 $\bar{S}_2$ 端输入数据信息，令 $S_1=1$、$\bar{S}_3=0$，地址码所对应的输出就是 $\bar{S}_2$ 端数据信息的原码。若数据信息是时钟脉冲，则数据分配器便成为时钟脉冲分配器。

根据输入地址的不同组合译出唯一地址，故可用作地址译码器。接成多路分配器，可将一个信号源的数据信息传输到不同的地点。

二进制译码器还能方便地实现逻辑函数，其电路如图 3.17 所示，所实现的逻辑函数是
$$Z=\bar{A}\,\bar{B}\,\bar{C}+\bar{A}\,B\,C+\bar{A}\,B\,\bar{C}+A\,B\,C$$

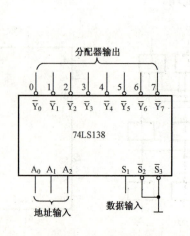
图 3.16　数据分配器

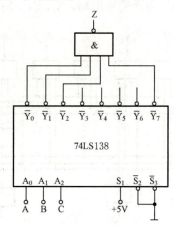
图 3.17　实现逻辑函数的电路

利用使能端能方便地将两个 3-8 线译码器组合成一个 4-16 线译码器，如图 3.18 所示。

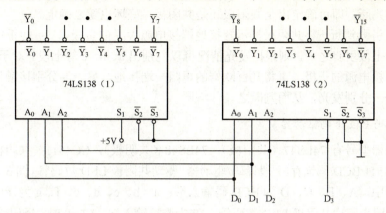

图 3.18　用两片 74LS138 组合成 4-16 线译码器

2. 数码显示译码器

1）七段发光二极管（LED）数码管

LED 数码管是目前最常用的数字显示器，图 3.19（a）、图 3.19（b）所示分别为共阴管和共阳管的电路，图 3.19（c）所示为两种不同出线形式的 LED 数码管符号及引脚功能。

一个 LED 数码管可用来显示一位 0~9 十进制数和一个小数点。小型数码管每段发光二极管的正向压降随显示光（通常为红、绿、黄、橙色）的颜色不同略有差别，通常约为 2~2.5 V，每个发光二极管的点亮电流为 5~10 mA。LED 数码管要显示 BCD 码所表示的十进制数字需要有一个专门的译码器，该译码器不但要完成译码功能，还要有相当的驱动能力。

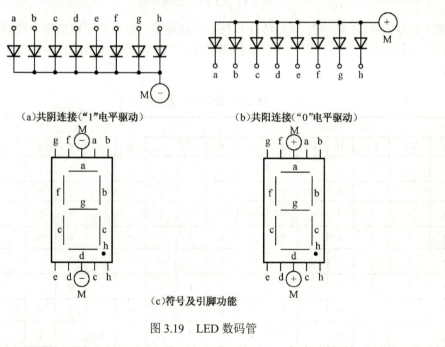

图 3.19　LED 数码管

2）LED 七段数码管的判别方法

（1）共阳极共阴极好坏的判别：先确定显示器的两个公共端，两者是相通的。这两端可能是两个地端（共阴极），也可能是两个 V_{CC} 端（共阳极），然后用三用表像判别普通二极管正、负极那样判断，即可确定出是共阳极还是共阴极，好坏也随之确定。

（2）字段引脚判断：将共阴极显示器接地端接电源 V_{CC} 的负极，V_{CC} 的正极通过 400 Ω 左右的电阻接七段引脚之一，则根据发光情况可以判别出 a、b、c 等七段。对于共阳显示器，先将它的 V_{CC} 接电源的正极，再将几百欧姆的电阻一端接地，另一端分别接触显示器各段引脚，则七段之一分别发光，从而判断之。

3）BCD 码七段译码驱动器

此类译码器型号有 74LS47（共阳极），74LS48（共阴极），CC4511（共阴极）等，本实验系采用 CC4511 BCD 码锁存/七段译码/驱动器，驱动共阴极 LED 数码管。图 3.20 为 CC4511 引脚排列。其中，A、B、C、D 为 BCD 码输入端；a、b、c、d、e、f、g 为译码输出端，输出"1"有效，用来驱动共阴极 LED 数码管；$\overline{LT}$ 为测试输入端，$\overline{LT}=0$ 时，译码输出全为"1"；$\overline{BI}$ 为消隐输入端，$\overline{BI}=0$ 时，译码输出全为"0"；LE 为锁定端，LE＝1 时译码器处于锁定（保持）状态，译码输出保持在 LE＝0 时的数值，LE＝0 为正常译码。

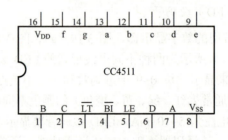

图 3.20　CC4511 引脚排列

表 3.4 为 CC4511 功能表。CC4511 内接有上拉电阻，故只要在输出端与数码管笔段之间串入限流电阻即可工作。译码器还有拒伪码功能，当输入码超过 1001 时，输出全为"0"，数码管熄灭。

表 3.4　CC4511 功能表

输入							输出							显示字形
LE	$\overline{BI}$	$\overline{LT}$	D	C	B	A	a	b	c	d	e	f	g	
×	×	0	×	×	×	×	1	1	1	1	1	1	1	8
×	0	1	×	×	×	×	0	0	0	0	0	0	0	消隐
0	1	1	0	0	0	0	1	1	1	1	1	1	0	0
0	1	1	0	0	0	1	0	1	1	0	0	0	0	1
0	1	1	0	0	1	0	1	1	0	1	1	0	1	2
0	1	1	0	0	1	1	1	1	1	1	0	0	1	3
0	1	1	0	1	0	0	0	1	1	0	0	1	1	4
0	1	1	0	1	0	1	1	0	1	1	0	1	1	5
0	1	1	0	1	1	0	0	0	1	1	1	1	1	6
0	1	1	0	1	1	1	1	1	1	0	0	0	0	7

续表

输入							输出							显示字形
LE	$\overline{BI}$	$\overline{LT}$	D	C	B	A	a	b	c	d	e	f	g	
0	1	1	1	0	0	0	1	1	1	1	1	1	1	8
0	1	1	1	0	0	1	1	1	1	0	0	1	1	9
0	1	1	1	0	1	0	0	0	0	0	0	0	0	消隐
0	1	1	1	0	1	1	0	0	0	0	0	0	0	消隐
0	1	1	1	1	0	0	0	0	0	0	0	0	0	消隐
0	1	1	1	1	0	1	0	0	0	0	0	0	0	消隐
0	1	1	1	1	1	0	0	0	0	0	0	0	0	消隐
0	1	1	1	1	1	1	0	0	0	0	0	0	0	消隐
1	1	1	×	×	×	×	锁存							锁存

CC4511 驱动 1 位 LED 数码管的连接如图 3.21 所示。

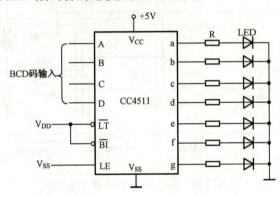

图 3.21　CC4511 驱动 1 位 LED 数码管的连接

3. 集成译码器

常见的集成译码器如表 3.5 所示。

表 3.5　常见的集成译码器

名　称		功　能	74 系列型号	40/45 系列型号
变量译码器	2-4 线译码器	2 位二进制数全译码	74139，74155，74156	4555，4556
	3-8 线译码器	3 位二进制数全译码	74138	
	4-16 线译码器	4 位二进制数全译码	74154	4514，4515
代码变换译码器	4-10 线译码器	BCD 码-十进制数	7442，74145	4028
		余 3 码-十进制数	7443	
		余 3 格雷码-十进制数	7444	
显示译码器	七段显示译码器	BCD 码-七段显示	7446，7447，7448，7449，74246，74247，74248，74249	4511，4547

3.2.3 译码器的 EDA 仿真

1. 由门电路构成的 2-4 线译码器的仿真

在 Multisim11 软件中，按照图 3.22 所示的电路，从 TTL 库中调 74LS10D、74LS04D，从基本库中调 VCC、GND、J1、J2、J3，从指示库中调 X0、X1、X2、X3 等元件，连线构建 2-4 线译码器仿真电路，如图 3.22 所示。图中的逻辑开关 J1、J2、J3 依次控制选通端 $\overline{ST}$、地址输入端 A0A1 的输入，发光二极管 X0、X1、X2、X3 依次表示输出端 $\overline{Y_0}$、$\overline{Y_1}$、$\overline{Y_2}$、$\overline{Y_3}$。按照功能表分别拨动 J1、J2 和 J3 开关，即改变输入 $\overline{ST}$ 和 A_0A_1 的状态，观察发光二极管 X0、X1、X2、X3（即输出 $\overline{Y_0}$、$\overline{Y_1}$、$\overline{Y_2}$、$\overline{Y_3}$）的状态变化。

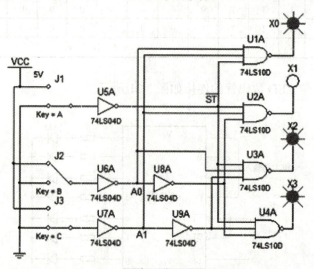

图 3.22 2-4 线译码器仿真电路

图 3.22 为选通端 $\overline{ST}$=0、A_0=1、A_1=0 时，输出 $\overline{Y_1}$=0 时的 2-4 线译码器仿真电路结果，发光二极管亮表示输出为"1"，反之为"0"。

从仿真结果可知，当选通端 $\overline{ST}$=1 时，译码器被禁止工作；当选通端 $\overline{ST}$=0 时，译码器正常工作，2-4 线译码器的输出为

$$\overline{Y_3} = \overline{A_1 A_0} = \overline{m_3}$$
$$\overline{Y_2} = \overline{A_1 \overline{A_0}} = \overline{m_2}$$
$$\overline{Y_1} = \overline{\overline{A_1} A_0} = \overline{m_1}$$
$$\overline{Y_0} = \overline{\overline{A_1} \overline{A_0}} = \overline{m_0}$$

即 $\overline{Y_i} = \overline{m_i}$ （i=0，1，2，3）

可见，译码器的每一个输出 $\overline{Y_i}$ 均对应输入变量最小项的取反 $\overline{m_i}$。2-4 线译码器的真值表如表 3.6 所示。

2. 74LS138 的功能仿真

在 Multisim11 软件中，从 TTL 库中调 74LS138，从基本库中调 VCC、GND、J1、J2、J3、J4、J5，从指示库中调 X0、X1、X2、X3、X4、X5、X6、X7 指示灯，连线并构建 3-8

线译码器仿真电路，如图 3.23 所示。图中逻辑开关 J1、J2、J3、J4、J5 依次控制输入端 A、B、C、选通端 G1 和 $\overline{G2A}$～$\overline{G2B}$ 的输入，输出发光二极管 X0~X7 依次表示输出端 $\overline{Y0}$～$\overline{Y7}$。按照功能表 3.3 分别拨动 J1、J2、J3、J4 和 J5，即改变输入 A、B、C 和 G1、G2A、G2B 的状态，观察输出 $\overline{Y0}$～$\overline{Y7}$ 的状态变化。

表 3.6　2-4 线译码器真值表

输　　入			输　　出			
$\overline{ST}$	A_1	A_2	$\overline{Y_3}$	$\overline{Y_2}$	$\overline{Y_1}$	$\overline{Y_3}$
1	X	X	1	1	1	1
0	0	0	1	1	1	0
0	0	1	1	1	0	1
0	1	0	1	0	1	1
0	1	1	0	1	1	1

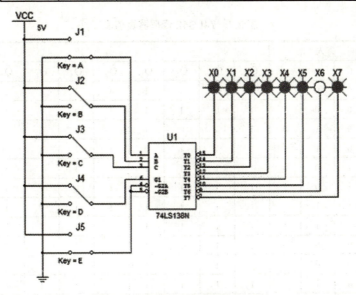

图 3.23　74LS138 的功能仿真电路

从仿真结果可知，当选通端 G1 为高电平有效，$\overline{G2A}+\overline{G2B}$ 为低电平有效，译码器正常工作。译码器的每一个输出 $\overline{Y_i}$ 均对应输入变量的最小项的取反 $\overline{m_i}$。译码器的真值表参见表 3.3。

3．74LS42 功能仿真

在 Multisim11 软件中，从 TTL 库中调 74LS42，它是 4-10 线译码器，又称二-十进制译码器或码制变换译码器。从基本库中调 VCC、GND、J1、J2、J3、J4，从指示库中调 X0、X1、X2、X3、X4、X5、X6、X7、X8、X9 指示灯，连线并构建实现其逻辑功能的仿真电路，如图 3.24 所示。图中逻辑开关 J1、J2、J3、J4 依次控制输入端 A、B、C、D 的输入，输出发光二极管 X0~X9 依次表示输出端 $\overline{O0}$～$\overline{O9}$。按照真值表（见表 3.7）分别拨动 J1、J2、J3 和 J4，即改变输入 A、B、C、D 的状态，观察输出 $\overline{O0}$～$\overline{O9}$ 的状态变化。

从仿真结果可知，译码器的每一个输出 $\overline{Y_i}$ 均对应输入变量最小项的取反 $\overline{m_i}$，译码器的真值表如表 3.7 所示。

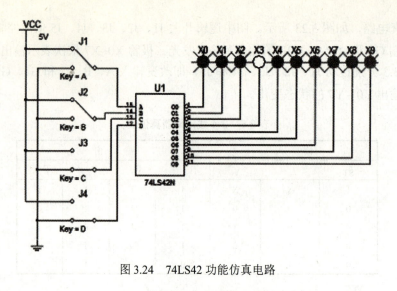

图 3.24 74LS42 功能仿真电路

表 3.7 74LS42 译码器真值表

序号	输入				输出									
	D	C	B	A	$\overline{Q}_0$	$\overline{Q}_1$	$\overline{Q}_2$	$\overline{Q}_3$	$\overline{Q}_4$	$\overline{Q}_5$	$\overline{Q}_6$	$\overline{Q}_7$	$\overline{Q}_8$	$\overline{Q}_9$
0	0	0	0	0	0	1	1	1	1	1	1	1	1	1
1	0	0	0	1	1	0	1	1	1	1	1	1	1	1
2	0	0	1	0	1	1	0	1	1	1	1	1	1	1
3	0	0	1	1	1	1	1	0	1	1	1	1	1	1
4	0	1	0	0	1	1	1	1	0	1	1	1	1	1
5	0	1	0	1	1	1	1	1	1	0	1	1	1	1
6	0	1	1	0	1	1	1	1	1	1	0	1	1	1
7	0	1	1	1	1	1	1	1	1	1	1	0	1	1
8	1	0	0	0	1	1	1	1	1	1	1	1	0	1
9	1	0	0	1	1	1	1	1	1	1	1	1	1	0
伪码	1	0	1	0	1	1	1	1	1	1	1	1	1	1
	1	0	1	1	1	1	1	1	1	1	1	1	1	1
	1	1	0	0	1	1	1	1	1	1	1	1	1	1
	1	1	0	1	1	1	1	1	1	1	1	1	1	1
	1	1	1	0	1	1	1	1	1	1	1	1	1	1
	1	1	1	1	1	1	1	1	1	1	1	1	1	1

3.2.4 译码器电路

1. 4-10 线译码器 74LS42 功能测试

（1）搭建 4-10 线译码器 74LS42 测试电路，如图 3.25 所示。

（2）按表 3.7 顺序输入信号，观察并记录输出端 $\overline{Y}_9 \sim \overline{Y}_0$ 状态，填入表中，说明其逻辑功能。

2. 3-8 线译码器 74LS138 功能测试

(1) 搭建 3-8 线译码器 74LS138 测试电路,如图 3.26 所示。

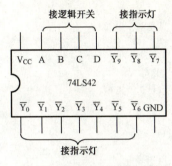

图 3.25 74LS42 测试电路

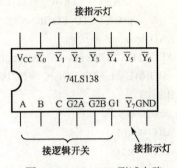

图 3.26 74LS138 测试电路

(2) 按表 3.3 顺序输入信号,观察并记录输出端 $\overline{Y}_7 \sim \overline{Y}_0$ 状态,填入表中,说明其逻辑功能。

3. 译码器的设计

1) 设计任务

(1) 设计一个将 4 位二进制数码转换成 2 位 8421BCD 码,并用 2 个七段数码管显示这两位 BCD 码的电路。

(2) 设计一个显示电路,用七段译码显示器显示 A、B、C、D、E、F、G、H 8 个英语字母(提示:可先用 3 位二进制数对这些字母进行编码,然后进行译码显示)。

(3) 用 3-8 线译码器 74LS138 和最少的门电路设计一个奇偶校验电路,要求当输入的 4 个变量中有偶数个 1 时输出为 1,否则为 0。

(4) 用 3-8 线译码器 74LS138 设计一个时钟脉冲分配器。

(5) 用 3-8 线译码器 74LS138 实现多输出函数:

$$F_1(A, B, C, D) = \Sigma m(0, 4, 9, 11, 13, 15)$$
$$F_2(A, B, C, D) = \Sigma m(0, 4, 5, 7, 8, 10, 15)$$

(6) 试用一个 3-8 线译码器 74LS138 和必需的基本逻辑门电路设计一个全减器。

2) 设计要求

(1) 根据任务要求写出设计步骤,选定器件;
(2) 根据所选器件画出电路图;
(3) 写出实验步骤和测试方法,设计实验记录表格;
(4) 进行安装、调试及测试,排除实验过程中的故障;
(5) 分析、总结实验结果。

3.2.5 基于 VHDL 实现的 3-8 线译码器

在可编程开发环境中,3-8 线译码器的 VHDL 程序如下:

```
--decoder
LIBRARY IEEE;
USE IEEE.STD_LOGIC_1164.ALL;
```

```
ENTITY decoder IS
PORT (en:IN STD_LOGIC;
       a:IN STD_LOGIC_VECTOR(2 DOWNTO 0);
       y: OUT STD_LOGIC_VECTOR(7 DOWNTO 0));
END decoder;
ARCHITECTURE bhv OF decoder IS
  SIGNAL sel: STD_LOGIC_VECTOR(3 DOWNTO 0);
BEGIN
sel(0)<=en;
sel(1)<=a(0);
sel(2)<=a(1);
sel(3)<=a(2);
WITH sel SELECT
  y<= "00000001" WHEN "0001",
      "00000010" WHEN "0011",
      "00000100" WHEN "0101",
      "00001000" WHEN "0111",
      "00010000" WHEN "1001",
      "00100000" WHEN "1011",
      "01000000" WHEN "1101",
      "10000000" WHEN "1111",
      "11111111" WHEN OTHERS;
END bhv;
```

根据可编程器件的开发步骤，在完成输入、编辑、仿真和下载后，实际测试即可。图 3.27 所示是该程序在 Quartus II 环境中的逻辑仿真。

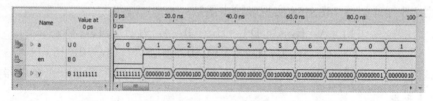

图 3.27　在 Quartus II 环境中 3-8 译码器的逻辑仿真

从图 3.27 中可知，该 VHDL 程序实现了 3-8 线译码器的功能。

3.2.6　组合逻辑电路故障判断方法

1. 电位判断法

当输入信号保持不变时，组合逻辑电路中各点的电位不发生变化，因此，根据电位判断电路工作是否正常是检测组合电路的最基本的方法。下面以 TTL 电路为例，讨论电位故障的判断方法。

根据逻辑电路的特点，将 TTL 电路中的电位分为下列 5 种情况，如图 3.28 所示。

（1）电位为 0 V。

➢ 该点接地。

➢ 该点对地短路。当检测到电路中出现短路现象时,应当立即切断电源,检查短路点。短路点有可能在集成电路内部,也可能在集成电路外部。

(2) 电位在 0~0.4 V 之间为正常逻辑 0 电位。

(3) 电位在 0.4~2.7 V 之间。当电位在 0.4~2.7 V 之间时,出现所谓的"逻辑不明"状态。

➢ 该处为脉冲状态。
➢ 器件输入端为"逻辑不明"状态,造成输出端也为"逻辑不明"状态。
➢ 器件本身输出电路故障。器件内部输出电路损坏,输出可能出现"逻辑不明"状态。
➢ 负载过重(负载电流过大)是电路中出现"逻辑不明"状态的常见原因之一。出现这种情况应当重新核算电路的负载能力。
➢ 两个电路的输出端被并接在一起。两个电路的输出端被并接在一起后,若两者都输出为"0",则输出电位为"0";若两者都输出为"1",则输出电位为"1";但是若一个输出为"0",另一个输出为"1",则会出现"逻辑不明"现象。

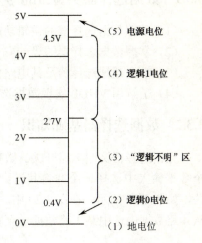

图 3.28 TTL 电路中的电位

(4) 电位在 2.7~4.5 V 之间为正常逻辑 1 电位。

(5) 电位为电源电压 5 V。

➢ 该点接电源正极;
➢ 该点对电源正极短路;
➢ 有上拉电阻时,OC 门输出为"1"。

2. 逻辑功能判断法

电路出现故障时并不一定都反映在电位出现"逻辑不明"状态,如本应当是逻辑"1"时,电位确为 0.3 V。此时应当根据电路的逻辑功能判断电位是否正确,再进行进一步的分析。如当与非门输出端与外电路隔离后仍然出现输入、输出端同时都为"1"电位,则说明该与非门损坏。

对于组合电路,由于输入、输出端较多,注意观察电路的输出结果,检测各个输入端的逻辑状态经常可以直接判断电路的故障所在。

3.2.7 实验报告及思考题

(1) 写出实验目的、实验中所使用的仪器仪表及器材。
(2) 写出实验电路的设计过程,并画出逻辑电路图。
(3) 记录实验测试结果,并分析实验过程中出现的问题。
(4) 举例说明本实验在实际生活中的应用。
(5) 如果显示译码器内部输出级没有集电极电阻,它应如何与 LED 显示器连接?
(6) 可否用将 LED 数码管各段输入端接高电平的方法检查数码管的好坏?为什么?
(7) 如何用 74LS49 去驱动共阳极 LED 数码管?

3.3 数据选择器

3.3.1 数据选择器实验目的与要求

（1）掌握数据选择器的逻辑功能和特点；
（2）掌握数据选择器的设计方法和应用；
（3）学会数据选择器及其电路仿真；
（4）了解用 VHDL 实现数据选择器的方法。

3.3.2 数据选择器基础知识

数据选择器又叫多路开关。数据选择器在地址码（或叫选择控制）电位的控制下，从几个数据输入中选择一个并将其送到一个公共的输出端。数据选择器的功能类似一个多掷开关，如图 3.29 所示。在图 3.29 中，有 4 路数据 $D_0 \sim D_3$，通过选择控制信号 A_1、A_0（地址码）从 4 路数据中选中某 1 路数据送至输出端 Q。

1. 数据选择器的类型及特点

数据选择器为目前逻辑设计中应用十分广泛的逻辑部件，它有 2 选 1、4 选 1、8 选 1、16 选 1 等类型。

数据选择器的电路结构一般由与或门阵列组成，也有用传输门开关和门电路混合而成的。

1）8 选 1 数据选择器 74LS151

74LS151 为互补输出的 8 选 1 数据选择器，其引脚排列如图 3.30 所示，其功能表如表 3.8 所示。

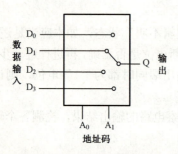

图 3.29　4 选 1 数据选择器

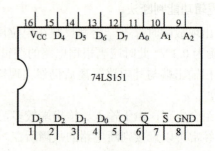

图 3.30　74LS151 引脚排列

选择控制端（地址端）为 $A_2 \sim A_0$，按二进制译码，从 8 个输入数据 $D_0 \sim D_7$ 中选择一个需要的数据送到输出端 Q，$\overline{S}$ 为使能端，低电平有效。

（1）使能端 $\overline{S}=1$ 时，不论 $A_2 \sim A_0$ 状态如何，均无输出（$Q=0$，$\overline{Q}=1$），多路开关被禁止。

（2）使能端 $\overline{S}=0$ 时，多路开关正常工作，根据地址码 A_2、A_1、A_0 的状态，选择 $D_0 \sim D_7$ 中某一个通道的数据输送到输出端 Q。例如：$A_2A_1A_0=000$，则选择 D_0 数据到输出端，即 $Q=D_0$；$A_2A_1A_0=001$，则选择 D_1 数据到输出端，即 $Q=D_1$；其余类推。

表 3.8 8 选 1 数据选择器 74LS151 功能表

输入				输出	
$\overline{S}$	A_2	A_1	A_0	Q	$\overline{Q}$
1	×	×	×	0	1
0	0	0	0	D_0	$\overline{D}_0$
0	0	0	1	D_1	$\overline{D}_1$
0	0	1	0	D_2	$\overline{D}_2$
0	0	1	1	D_3	$\overline{D}_3$
0	1	0	0	D_4	$\overline{D}_4$
0	1	0	1	D_5	$\overline{D}_5$
0	1	1	0	D_6	$\overline{D}_6$
0	1	1	1	D_7	$\overline{D}_7$

2）双 4 选 1 数据选择器 74LS153

所谓双 4 选 1 数据选择器，就是在一块集成芯片上有两个 4 选 1 数据选择器。74LS153 引脚排列如图 3.31 所示，其功能表如表 3.9 所示。

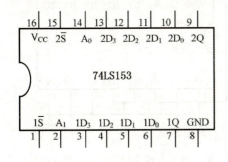

图 3.31 74LS153 引脚排列

表 3.9 74LS153 功能表

输入			输出
$\overline{S}$	A_1	A_0	Q
1	×	×	0
0	0	0	D_0
0	0	1	D_1
0	1	0	D_2
0	1	1	D_3

图 3.31 中 $1\overline{S}$、$2\overline{S}$ 为两个独立的使能端，A_1、A_0 为公用的地址输入端，$1D_0 \sim 1D_3$ 和 $2D_0 \sim 2D_3$ 分别为两个 4 选 1 数据选择器的数据输入端，1Q、2Q 为两个输出端。

（1）当使能端 $1\overline{S} = 1$ 时，多路开关被禁止，无输出，1Q＝0。

（2）当使能端 $1\overline{S} = 0$ 时，多路开关正常工作，根据地址码 A_1、A_0 的状态，将相应的数据 $1D_0 \sim 1D_3$ 送到输出端 1Q。例如：$A_1A_0 = 00$，则选择 $1D_0$ 数据送到输出端，即 $1Q = 1D_0$；$A_1A_0 = 01$，则选择 $1D_1$ 数据到输出端，即 $1Q = 1D_1$；其余类推。

数据选择器的用途很多，如多通道传输、数码比较、并行码变串行码以及实现逻辑函数等。

3）数据选择器的应用——实现逻辑函数

例：用 4 选 1 数据选择器 74LS153 实现函数 $F = \overline{A}BC + A\overline{B}\overline{C} + A\overline{B}C + ABC$

函数 F 的功能表如表 3.10 所示。

函数 F 有三个输入变量 A、B、C，而数据选择器有两个地址端 A_1、A_0，少于函数输入变量的个数，在设计时可任选 A 接 A_1，B 接 A_0。将函数功能表改成表 3.11 的形式，可见当将输入变量 A、B、C 中 A、B 接选择器的地址端 A_1、A_0 时，$D_0 = 0$，$D_1 = D_2 = C$，$D_3 = 1$。

4 选 1 数据选择器的输出实现了函数 $F = \overline{A}BC + A\overline{B}\overline{C} + A\overline{B}C + ABC$ 的功能，其接线图如

图 3.32 所示。

表 3.10 函数 F 的功能表

输	入		输 出
A	B	C	F
0	0	0	0
0	0	1	0
0	1	0	0
0	1	1	1
1	0	0	0
1	0	1	1
1	1	0	1
1	1	1	1

表 3.11 修改后的函数功能表

输		入	输 出	中选数据端
A	B	C	F	
0	0	0	0	$D_0=0$
0	0	1	0	
0	1	0	0	$D_1=C$
0	1	1	1	
1	0	0	0	$D_2=C$
1	0	1	1	
1	1	0	1	$D_3=1$
1	1	1	1	

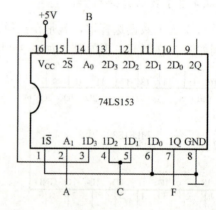

图 3.32 用 4 选 1 数据选择器实现函数 F 的接线图

当函数输入变量数大于数据选择器地址端时，可能随着选用函数输入变量作为地址的方案不同，设计结果不同，需对几种方案比较，以获得最佳方案。

2. 集成数据选择器

常见的集成数据选择器如表 3.12 所示。

表 3.12 常见的集成数据选择器

74 系列		4000 系列	
功 能	型 号	功 能	型 号
16 选 1	74150	16 选 1，模拟开关	4046
8 选 1	74151，74152	双 8 选 1，模拟开关	4097
8 选 1，三态输出	74251	8 选 1，三态输出	14512
双 4 选 1	74153，74252，74353，74352	双 4 选 1，模拟开关	4052，14529
四 2 选 1	74157，74158	双 4 选 1	14539
四 2 选 1，三态输出	74257，74258	四 2 选 1	4019
四 2 选 1，有寄存器	74298	四双向开关	4066

3.3.3 数据选择器的 EDA 仿真

数据选择集成电路 74LS151 的功能参见表 3.8。数据选择电路仿真分析可以选用示波器,也可以用逻辑分析仪。逻辑分析仪可以同步记录和显示 16 路逻辑信号,常用于数字逻辑电路的时序分析和大型数字系统的故障分析。

搭建的数据选择器仿真电路如图 3.33 所示。其中 A、B、C 选择数据端均设为"1"(接 V_{CC})。7 脚为选通接入端,接地。D7 数据输

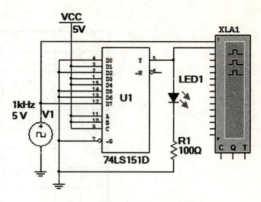

图 3.33 数据选择器仿真电路

入端接一个方波周期信号 V1。逻辑分析仪的第一路接数据信号输入端 D7,第三路接数据选择的输出端 Y。

双击逻辑分析仪图标,打开其显示面板,按下仿真开关,我们看到逻辑分析仪上显示的第一路和第三路的信号波形如图 3.34 所示。数据选择输出端的信号与数据输入端的信号完全一致。

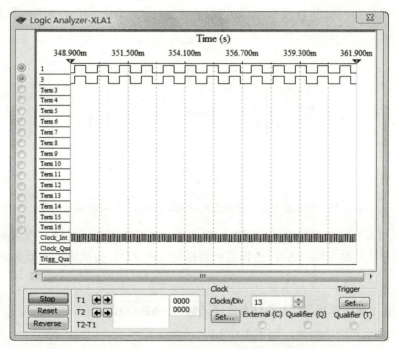

图 3.34 逻辑分析仪上显示的信号波形

3.3.4 数据选择器电路

1. 用 8 选 1 数据选择器 74LS151 实现函数 $F=\overline{A}\overline{B}+\overline{A}\overline{C}+BC$

列出函数 F 的功能表,如表 3.13 所示。

· 53 ·

表 3.13 F=A$\bar{B}$+$\bar{A}$C+B$\bar{C}$ 的功能表

输	入		输 出
C	B	A	F
0	0	0	0
0	0	1	1
0	1	0	1
0	1	1	1
1	0	0	1
1	0	1	1
1	1	0	1
1	1	1	0

将函数 F 的功能表与 8 选 1 数据选择器的功能表相比较，可知：

（1）将输入变量 C、B、A 作为 8 选 1 数据选择器的地址码 A_2、A_1、A_0。

（2）使 8 选 1 数据选择器的各数据输入 $D_0 \sim D_7$ 分别与函数 F 的输出值一一相对应，即

$$A_2A_1A_0 = CBA, \quad D_0 = D_7 = 0, \quad D_1 = D_2 = D_3 = D_4 = D_5 = D_6 = 1$$

则 8 选 1 数据选择器的输出 Q 便实现了函数 $F = A\bar{B} + \bar{A}C + B\bar{C}$。其接线图如图 3.35 所示。

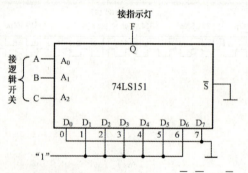

图 3.35 用 8 选 1 数据选择器实现函数 F=A$\bar{B}$+$\bar{A}$C+B$\bar{C}$ 的接线图

显然，采用具有 n 个地址端的数据选择器实现 n 变量的逻辑函数时，应将函数的输入变量加到数据选择器的地址端（A），选择器的数据输入端（D）按次序以函数 F 的输出值来赋值。

2. 用 8 选 1 数据选择器 74LS151 实现函数 F=A$\bar{B}$+$\bar{A}$B

（1）列出函数 F 的功能表，如表 3.14 所示。

（2）将 A、B 加到地址端 A_1、A_0，而 A_2 接地，将 D_1、D_2 接"1"及 D_0、D_3 接地，其余数据输入端 $D_4 \sim D_7$ 都接地，则 8 选 1 数据选择器的输出 Q 便实现了函数 F=A$\bar{B}$+$\bar{A}$B。其接线图如图 3.36 所示。

显然，当函数输入变量数小于数据选择器的地址端数时，应将不用的地址端及不用的数据输入端都接地。

表 3.14　$F=\overline{A}B+A\overline{B}$ 的功能表

B	A	F
0	0	0
0	1	1
1	0	1
1	1	0

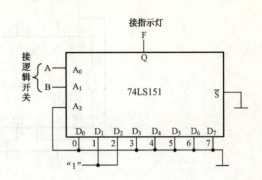

图 3.36　8 选 1 数据选择器实现 $F=\overline{A}B+A\overline{B}$ 的接线图

3．用 4 选 1 数据选择器 74LS153 实现函数 $F=\overline{A}BC+A\overline{B}C+AB\overline{C}+ABC$

函数 F 的功能表如表 3.15 所示。

函数 F 有三个输入变量 A、B、C；而数据选择器只有两个地址端 A_1、A_0，少于函数输入变量个数。在设计时可选 A 接 A_1，B 接 A_0；也可选 A 接 A_0，B 接 A_1。将函数功能表改画成表 3.16 所示的形式，将输入变量 A、B、C 中 A、B 分别接选择器的地址端 A_1、A_0，则由表 3.16 不难看出：

$$D_0=0,\quad D_1=D_2=C,\quad D_3=1$$

则 4 选 1 数据选择器的输出便实现了函数 $F=\overline{A}BC+A\overline{B}C+AB\overline{C}+ABC$，其接线图如图 3.37 所示。

表 3.15　函数 F 的功能表

输	入		输出
A	B	C	F
0	0	0	0
0	0	1	0
0	1	0	0
0	1	1	1
1	0	0	0
1	0	1	1
1	1	0	1
1	1	1	1

表 3.16　改画的函数功能表

输	入		输出	中选数据端
A	B	C	F	
0	0	0 1	0 0	$D_0=0$
0	1	0 1	0 1	$D_1=C$
1	0	0 1	0 1	$D_2=C$
1	1	0 1	1 1	$D_3=1$

当函数输入变量多于数据选择器地址端数时，可能随着选用函数输入变量做地址的方案不同，而得到不同的设计结果。需对几种方案进行比较，以获得最佳方案。

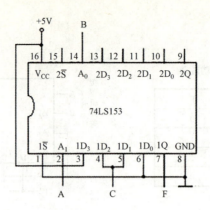

图 3.37 用 4 选 1 数据选择器实现 $F = \overline{A}BC + A\overline{B}C + AB\overline{C} + ABC$ 的接线图

3. 数据选择器应用设计

1）设计任务

（1）用双 4 选 1 数据选择器 74LS153 及必要的门电路设计一位全加器；

（2）用 8 选 1 数据选择器 74LS151 实现函数 $F=\overline{A}BC+A\overline{B}C+AB\overline{C}+ABC$；

（3）用一片数据选择器 74LS151 和必要的门电路设计一个电路，输入为 4 位二进制数，当输入数据能被 2 或 5 整除时输出为 1，否则为 0；

（4）用两片双 4 选 1 数据选择器 74LS153 和一片 3-8 线译码器 74LS138 构成 16 选 1 数据选择器。

2）设计要求

（1）根据任务要求写出设计步骤，选定器件；
（2）根据所选器件画出逻辑电路图及电路接线图；
（3）写出实验步骤和测试方法，设计实验记录表格；
（4）进行安装、调试及测试，排除实验过程中的故障；
（5）分析、总结实验结果。

3.3.5 基于 VHDL 实现的 8 选 1 数据选择器

在可编程开发环境中，8 选 1 数据选择器的 VHDL 程序如下：

```
LIBRARY IEEE;
USE IEEE.STD_LOGIC_1164.ALL;
ENTITY mux81 IS
PORT (en:IN STD_LOGIC;
        d0,d1,d2,d3,d4,d5,d6,d7:IN STD_LOGIC;
        a:IN STD_LOGIC_VECTOR(2 DOWNTO 0);
        y: OUT STD_LOGIC);
END mux81;
ARCHITECTURE bhv OF mux81 IS
BEGIN
 PROCESS(en,a)
```

```
            BEGIN
                IF (en='1') THEN
                    CASE a IS
                        WHEN "000"=>    y<=d0;
                        WHEN "001"=>    y<=d1;
                        WHEN "010"=>    y<=d2;
                        WHEN "011"=>    y<=d3;
                        WHEN "100"=>    y<=d4;
                        WHEN "101"=>    y<=d5;
                        WHEN "110"=>    y<=d6;
                        WHEN "111"=>    y<=d7;
                        WHEN OTHERS =>NULL;
                    END CASE;
                ELSE    y<='0';
                END IF;
            END PROCESS;
        END bhv;
```

根据可编程器件的开发步骤，在完成输入、编辑、仿真和下载后，实际测试即可。图 3.38 所示是该程序在 Quartus II 环境中的逻辑仿真。

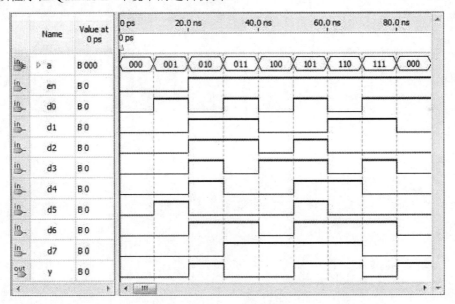

图 3.38 在 Quartus II 环境中 8 选 1 数据选择器的逻辑仿真

从图 3.38 可知，该 VHDL 程序实现了 8 选 1 数据选择器的功能。

3.3.6　实验报告及思考题

（1）写出实验目的、实验中所使用的仪器仪表及器材。

（2）写出实验电路的设计过程，并画出逻辑电路图。

（3）记录实验测试结果，并分析实验过程中出现的问题。

（4）举例说明本实验在实际生活中的应用。

（5）数据选择器、数据分配器还有何其他作用？

（6）在 8 路数据传输系统中，如要将输入数据最后以反码形式输出，电路应如何连接？

（7）如果实验室中没有 74LS151，只有双 4 选 1 数据选择器 74LS153，能否实现 8 路数据的传输？试画出电路连接图。

第4章 时序逻辑电路

时序逻辑电路实验是数字电路实验的重要部分，本章简述触发器、移位寄存器和计数器3个典型实验的基础知识，给出它们的 EDA 仿真，对电路实际测试提出指导，并给出基于可编程器件实现部分典型电路的 VHDL 程序及仿真。

4.1 触发器

4.1.1 触发器实验目的与要求

（1）掌握常用触发器的逻辑功能及特点；
（2）掌握测试 JK 触发器及 D 触发器逻辑功能的方法；
（3）熟悉触发器的基本应用及故障排除；
（4）学会常用触发器的仿真；
（5）了解 VHDL 实现 JK 触发器的方法。

4.1.2 触发器基础知识

触发器是一种具有记忆功能的二进制存储单元，它是构成时序逻辑电路的基本逻辑部件。触发器有两个稳定的状态，分别表示逻辑 0 和逻辑 1，在适当触发信号作用下，根据不同的输入，可将输出置成 0 状态或 1 状态。当输入触发信号消失后，触发器翻转后的状态保持不变。触发器的逻辑功能通常用特征方程、状态转移真值表、时序图来进行描述，这些描述方法本质上是相同的，可以互相转换。

1. 触发器的类型及特点

1）触发器逻辑功能分类

触发器按照逻辑功能不同，可以分为 RS 触发器、D 触发器、JK 触发器、T 触发器和 T′触发器。触发器的输出状态按照相应的状态转移真值表确定。表 4.1 给出了常见触发器的功能描述及特点。

表 4.1 常见触发器的功能描述及特点

逻辑符号	RS 触发器	JK 触发器	D 触发器	T 触发器	T′触发器

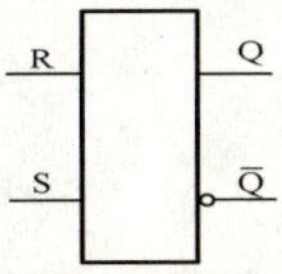

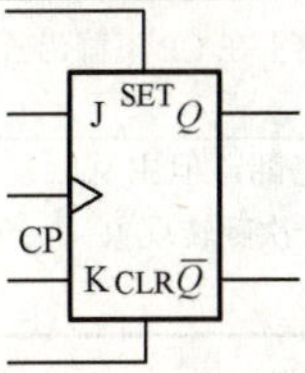

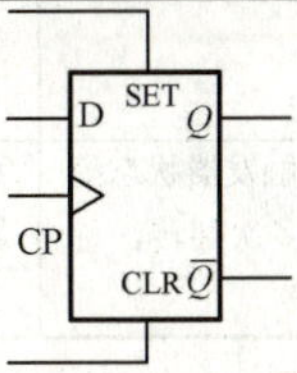

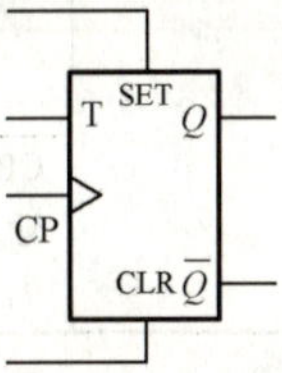

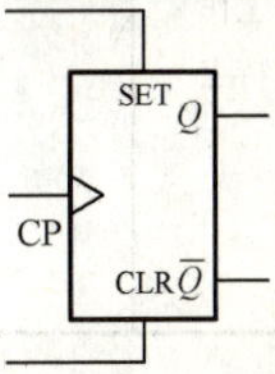

续表

	RS 触发器	JK 触发器	D 触发器	T 触发器	T' 触发器
功能表	S R Q^{n+1} 0 0 Q^n 0 1 0 1 0 1 1 1 不定	J K Q^{n+1} 0 0 Q^n 0 1 0 1 0 1 1 1 $\overline{Q^n}$	D Q^n Q^{n+1} 0 0 0 0 1 0 1 0 1 1 1 1	T Q^n Q^{n+1} 0 0 0 0 1 1 1 0 1 1 1 0	Q^n Q^{n+1} 0 1 1 0
特征方程	$\begin{cases} Q^{n+1}=\overline{S}+RQ^n \\ SR=0 \end{cases}$	$Q^{n+1}=J\overline{Q^n}+\overline{K}Q^n$	$Q^{n+1}=D$	$Q^{n+1}=T \oplus Q^n$	$Q^{n+1}=\overline{Q^n}$
特点	(1) 信号双端输入 (2) 具有置 0、置 1、保持功能 (3) S 和 R 有约束条件，SR=0	(1) 信号双端输入 (2) 具有置 0、置 1、保持、翻转功能	(1) 信号单端输入 (2) 具有置 0、置 1 功能	(1) 信号单端输入 (2) 具有保持、翻转功能	(1) 输入端接 1 (2) 具有翻转功能
参考型号	74279、4044 4043	7476、74112 4027、4096	7474、4013		

2）触发器结构分类及特点

按照电路结构不同及触发器受时钟脉冲触发的方式不同，触发器有基本 RS 触发器、同步 RS 触发器（时钟控制触发器）、主从 JK 触发器、维持-阻塞 D 触发器。结构不同的触发器的触发翻转方式和工作特点不一样，表 4.2 分别以基本 RS 触发器、同步 RS 触发器、主从 JK 触发器、维持-阻塞 D 触发器为例，说明不同电路结构的触发器所具有的特点。

表 4.2 不同触发器的电路结构及特点

	基本 RS 触发器	同步 RS 触发器	主从 JK 触发器	维持-阻塞 D 触发器
逻辑符号	$\overline{R_D}$—Q $\overline{S_D}$—$\overline{Q}$	S SET Q R CLR $\overline{Q}$	J SET Q K CLR $\overline{Q}$	D SET Q CLR $\overline{Q}$
触发方式	电平触发	电平触发	脉冲触发	脉冲触发
工作特点	触发器的输入状态直接受输入信号的控制	CP=1 时，触发器接收输入信号，状态按特征方程发生变化；CP=0 时，触发器状态保持不变 CP=1 时，触发器状态随输入信号多次翻转，称为"空翻"	CP=1 时，主触发器工作，从触发器被封锁；CP 下降沿到来时，从触发器按照主触发器的状态翻转，状态变化发生在 CP 下降沿 克服了空翻，但主从触发器具有一次翻转现象	触发器的状态更新仅发生在 CP 脉冲的上升边沿

2. 典型触发器芯片

将 JK、RS、D、T 四类触发器进行比较，不难看出，输入信号为双端的情况下，JK 触发器的逻辑功能最为完善，它包含了 RS 触发器和 T 触发器的所有逻辑功能，故 JK 触发器可以取代 RS 触发器和 T 触发器。只要将 JK 触发器的 J、K 端当作 S、R 端使用，就可以实现 RS 触发器的功能；将 J、K 连在一起就可实现 T 触发器功能。而输入信号为单端的情况下，D 触发器用起来最方便，因此数字集成电路手册中只有 JK 触发器和 D 触发器两大类。表 4.3 给出了 6 种典型的触发器芯片引脚排列及功能表。

从表 4.3 中可知，74LS74 为 TTL 双 D 触发器，CD4013 为 CMOS 双 D 触发器，均为上升沿触发，74LS373 为 8 D 锁存器，使能端低电平有效。74LS76、74LS112 为 TTL 双 JK 触发器，均为下降沿触发，只是引脚排列不一样，其中 74LS76 的电源和地在芯片的中间部位，而 CD4013 为上升沿触发的 CMOS 双 JK 触发器。

表 4.3 典型的触发器芯片引脚排列及功能表

类型	芯片引脚排列	功能表
D 触发器	74LS74 (14脚: V_CC, 2R̄_D, 2D, 2CP, 2S̄_D, 2Q, 2Q̄; 1R̄_D, 1D, 1CP, 1S̄_D, 1Q, 1Q̄, GND)	输入 S̄_D R̄_D CP D / 输出 Q^{n+1} Q̄^{n+1}: 0 1 × × / 1 0; 1 0 × × / 0 1; 1 1 ↑ 1 / 1 0; 1 1 ↑ 0 / 0 1; 1 1 ↓ × / Q^n Q̄^n
D 触发器	CD4013 (14脚: V_DD, 2Q, 2Q̄, 2CP, 2R_D, 2D, 2S_D; 1Q, 1Q̄, 1CP, 1R_D, 1D, 1S_D, GND)	输入 S_D R_D CP D / 输出 Q^{n+1} Q̄^{n+1}: 0 1 × × / 0 1; 1 0 × × / 1 0; 0 0 ↑ 1 / 1 0; 0 0 ↑ 0 / 0 1; 0 0 ↓ × / Q^n Q̄^n
D 触发器	74LS373 (20脚: V_CC, 8Q, 8D, 7D, 7Q, 6Q, 6D, 5D, 5Q, G; 输出控制, 1Q, 1D, 2D, 2Q, 3Q, 3D, 4D, 4Q, GND)	输出控制 / 使能 G D / 输出: 0 1 1 / 1; 0 1 0 / 0; 0 0 × / Q^n; 1 × × / Z
JK 触发器	74LS112 (16脚: V_CC, 1R̄_D, 2R̄_D, 2CP, 2K, 2J, 2S̄_D, 2Q; 1CP, 1K, 1J, 1S̄_D, 1Q̄, 2Q̄, GND)	输入 S̄_D R̄_D CP J K / 输出 Q^{n+1}: 0 1 × × × / 1; 1 0 × × × / 0; 1 1 ↓ 0 0 / Q^n; 1 1 ↓ 1 0 / 1; 1 1 ↓ 0 1 / 0; 1 1 ↓ 1 1 / Q̄^n; 1 1 ↑ × × / Q^n
JK 触发器	74LS76 (16脚: 1K, 1Q, 1Q̄, GND, 2K, 2Q, 2Q̄, 2J; 1CP, 1S̄_D, 1R̄_D, 1J, V_CC, 2CP, 2S̄_D, 2R̄_D)	输入 S̄_D R̄_D CP J K / 输出 Q^{n+1}: 0 1 × × × / 1; 1 0 × × × / 0; 1 1 ↓ 0 0 / Q^n; 1 1 ↓ 1 0 / 1; 1 1 ↓ 0 1 / 0; 1 1 ↓ 1 1 / Q̄^n; 1 1 ↑ × × / Q^n

芯片引脚排列	功 能 表

	输入					输出
	S_D	R_D	CP	J	K	Q^{n+1}
JK触发器 CD4027 引脚：16 V_{DD}, 15 2Q, 14 2$\overline{Q}$, 13 2CP, 12 2R_D, 11 2K, 10 2J, 9 2S_D; 1 1Q, 2 1$\overline{Q}$, 3 1CP, 4 1R_D, 5 1K, 6 1J, 7 1S_D, 8 V_{SS}	1	0	×	×	×	1
	0	1	×	×	×	0
	0	0	↑	0	0	Q^n
	0	0	↑	1	0	1
	0	0	↑	0	1	0
	0	0	↑	1	1	$\overline{Q^n}$
	0	0	↓	×	×	Q^n

另外，JK 触发器、D 触发器之间也可以互相转换。只要将 JK 触发器的 J 端和通过非门的 K 端连在一起作为被转换 D 触发器的 D 端即可。反之，将 D 触发器的 D 端按照 $D = J\overline{Q}^n + \overline{K}Q^n$ 组合连接即可。

3. 触发器的选用规则

（1）通常根据数字系统的时序配合关系选用触发器，一般在同一系统中选择具有相同触发方式的同类型触发器较好。

（2）在工作速度要求较高的情况下，采用边沿触发方式的触发器较好，但速度越高，就越易受外界干扰。上升沿触发还是下降沿触发，原则上没有优劣之分。如果是 TTL 电路的触发器，则输出为"0"时的驱动能力远强于输出为"1"时的驱动能力，尤其是当集电极开路输出时上升沿更差，所以此时选用下降沿触发更好些。

（3）触发器在使用前必须经过全面测试才能保证可靠性。使用时必须注意置"1"和"0"脉冲的最小宽度及恢复时间。

（4）CMOS 与 TTL 集成触发器触发方式基本相同，使用时不宜将这两种器件混合使用，因 CMOS 触发器内部电路结构及对触发时钟脉冲的要求与 TTL 有较大差别。

4.1.3 触发器的 EDA 仿真

1. 由门电路构成 RS 触发器的仿真

在 Multisim11 软件中，按照图 4.1 所示的电路，从 TTL 库中调 74LS00，从基本库中调 VCC、GND、J1、J2，从指示库中调 X1、X2 等元件，连线构建基本 RS 触发器仿真电路。图 4.1 中的 RD 表示 $\overline{R_D}$，SD 表示 $\overline{S_D}$，!Q 表示 $\overline{Q}$。在 RD、SD 旁是逻辑开关 J1 和 J2，J1 和 J2 分别接 0（接地）和 1（接电源），输出 Q 和!Q 分别接发光二极管。按照功能表分别拨动 J1 和 J2，即改变输入 $\overline{R_D}$ 和 $\overline{S_D}$ 的状态，观察输出 Q 的状态变化。图 4.1 是基本 RS 触发器当 RD=0，SD=1，输出 Q=0，$\overline{Q}$=1 时的仿真结果。

从仿真结果可知，当 RD=SD=1 时，基本 RS 触发器状态保持不变；当复位端 RD=0，置位端 SD=1 时 Q=0；当复位端 RD=1，置位端 SD=0 时 Q=1。

2. 74LS112 双 JK 触发器仿真

在 Multisim11 软件中，按照图 4.2 所示的电路，从元器件库中调用 74LS112N、逻辑开关 J1、J2、J3、J4，逻辑指示 X1、X2 等元件，连线构建 74LS112 双 JK 触发器仿真电路。图 4.2 中"~1PR"表示置位端 $\overline{S_D}$，"~1CLR"表示复位端 $\overline{R_D}$。按照功能表分别拨动开关 J1、J2、J3 和 J4，即改变输入 1J、1K、~1PR 和~1CLR 的状态，观察输出 1Q 的状态变化。

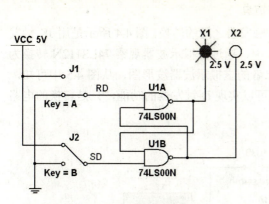
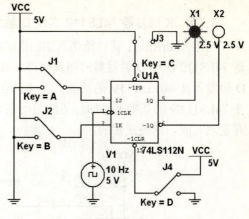

图 4.1 基本 RS 触发器电路仿真　　　　图 4.2 74LS112 双 JK 触发器仿真

从仿真结果可知，当置位端~1PR=0，复位端~1CLR=1 时 1Q=1；置位端~1PR=1，复位端 ~1CLR =0 时 1Q=0；置位端~1PR=1，复位端~1CLR =1 时，触发器状态按照 $Q^{n+1} = J\overline{Q}^n + \overline{K}Q^n$ 完成状态更新。图 4.2 是 74LS112N 双 JK 触发器在 1J=1K=1 时，输出 1Q=1，1$\overline{Q}$=0 时的仿真结果。

3. CMOS 4013 双 D 触发器仿真

在 Multisim11 软件中，按照图 4.3 所示的电路，从元器件库中调用 4013BP_5V、逻辑开关 J1，J2，J3，发光二极管 X 等元件，连线构建 4013 双 D 触发器仿真电路。图 4.3 中的逻辑开关 J1、J2、J3 依次控制置位端 SD1、数据输入端 D1 及复位端 CD1 的输入，发光二极管 X1、X2 依次表示输出端 Q 和 $\overline{Q}$。按照功能表分别拨动 J1、J2 和 J3（即改变输入 SD1、D1 和 CD1 的状态），观察输出 Q 的状态变化。信号源 V1（5V/10Hz）为触发器提供时钟信号。

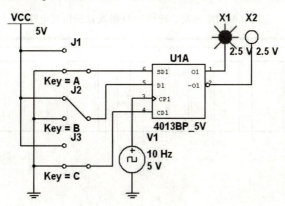

图 4.3　4013 D 触发器仿真

从仿真结果可知，当置位端 SD1=1，复位端 CD1=0 时，Q=1；置位端 SD1=0，复位端 CD1=1 时，Q=0；置位端 SD1=0，复位端 CD1=0 时，触发器状态按照 Q^{n+1}=D 完成状态更新。图 4.3 是 4013 双 D 触发器仿真电路在置位端 SD1=0，复位端 CD1=0 且 D1=1 时，发光二极管 X1=1、X2=0（即输出 Q=1，$\overline{Q}$=0 时）的仿真结果。

4．用 JK 触发器 74LS112 实现 D 触发器的仿真

利用 Multisim11 软件能仿真 JK 触发器与 D 触发器之间的转换。图 4.4 所示是用 JK 触发器 74LS112 实现 D 触发器的仿真电路。在图 4.4 中，通过虚拟示波器观察 74LS112N 转换为 D 触发器及 4013BP-5V 的功能。图 4.5 给出了二者的虚拟示波器波形图，从图 4.5 中可知，在 74LS112N 的基础上添加必要的门电路，确实可以实现 D 触发器的功能，只是转换的电路有延迟时间，这是正常的。

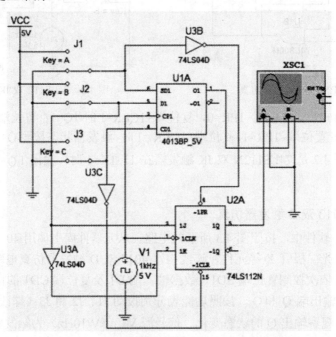

图 4.4　JK 触发器转换为 D 触发器的仿真电路

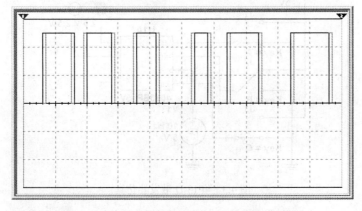

图 4.5　JK 触发器转换 D 触发器的仿真波形图

5．双相时钟脉冲电路的仿真

用 JK 触发器及与非门构成双相时钟脉冲电路，此电路用来将时钟脉冲 CP 转换成两相时钟 CPA 及 CPB。图 4.6 所示是双相时钟脉冲电路的仿真电路，其输出波形如图 4.7 所示。

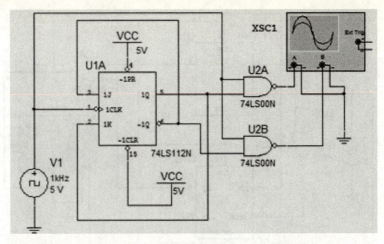

图 4.6 双相时钟脉冲电路的仿真电路

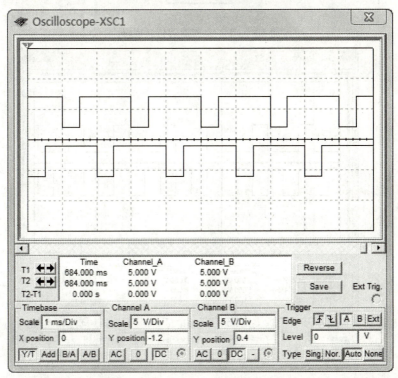

图 4.7 双相时钟脉冲仿真电路的输出波形

从图 4.7 中可知，时钟脉冲 CP 转换成两相时钟 CPA 及 CPB，其频率相同，相位不同。

6. 3/2 分频电路的仿真

3/2 分频器的仿真电路如图 4.8 所示，其中 74LS74N 包含 2 个 D 触发器，将 2 个 D 触发器时钟反相，2 个触发器的输出经过或非门后反馈到两个数据输入端 D 作为输入，输出 Y 与输入之间的逻辑关系如图 4.9 所示。

从图 4.9 中可以看出，输入波形每 3 个脉冲就输出 2 个脉冲，因此该电路实现了 3/2 分频。

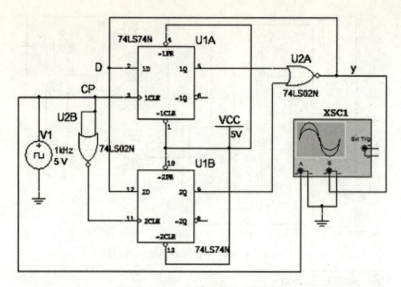

图 4.8　3/2 分频器的仿真电路

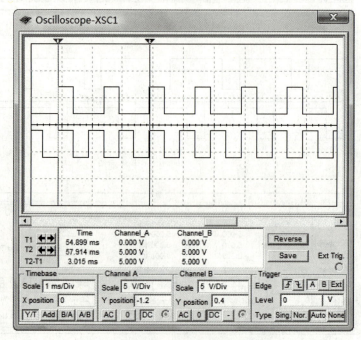

图 4.9　3/2 分频器仿真电路的输出波形

4.1.4　基本触发器电路

1. 基本触发器电路功能测试

1）基本 RS 触发器功能测试

（1）由 74LS00 组成基本 RS 触发器，如图 4.10 所示。

（2）将图 4.10 中 $\bar{S}_D$、$\bar{R}_D$ 端接逻辑开关，Q、$\bar{Q}$ 端接 LED。按表 4.4 的顺序在 $\bar{S}_D$、$\bar{R}_D$ 端加信号，观察并记录 Q、$\bar{Q}$ 端的状态，填入表中，说明其逻辑功能。

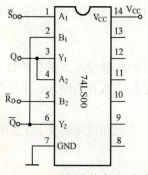

图 4.10　74LS00 组成基本 RS 触发器

表 4.4　基本 RS 触发器功能测试表

$\overline{S}_D$	$\overline{R}_D$	Q^n	Q^{n+1}	逻辑功能
1	1			
1	0			
0	1			
0	0			

2）JK 触发器功能测试

（1）搭建 74LS112 下降沿触发的 JK 触发器测试电路，如图 4.11 所示。

（2）按表 4.5 所示顺序输入信号，观察并记录 1Q、1$\overline{Q}$ 端的状态，填入表中，说明其逻辑功能。

表 4.5　JK 触发器功能测试表

1$\overline{S}_D$	1$\overline{R}_D$	1CP	1J	1K	1Q^n	1Q^{n+1}	1$\overline{Q^{n+1}}$	逻辑功能
0	1	×	×	×	×			
1	0	×	×	×	×			
1	1	↓	0	0	0			
1	1	↓	0	0	1			
1	1	↓	0	1	0			
1	1	↓	0	1	1			
1	1	↓	1	0	0			
1	1	↓	1	0	1			
1	1	↓	1	1	0			
1	1	↓	1	1	1			

3）D 触发器功能测试

（1）搭建 74LS74 上升沿触发的 D 触发器测试电路，如图 4.12 所示。

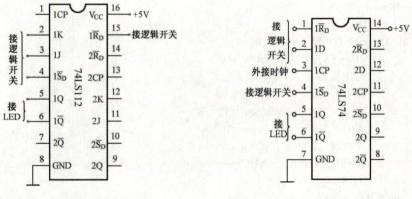

图 4.11　JK 触发器测试电路　　　　图 4.12　D 触发器测试电路

（2）按表 4.6 顺序输入信号，观察并记录 1Q^{n+1} 端的状态，填入表中，说明其逻辑功能。

表 4.6　D 触发器功能测试表

$1\overline{S_D}$	$1\overline{R_D}$	1CP	1D	$1Q^n$	$1Q^{n+1}$	逻辑功能
0	1	×	×	×		
1	0	×	×	×		
1	1	↑	0	0		
				1		
1	1	↑	1	0		
				1		

2．基本触发器应用电路

（1）用 74LS112 实现 D 触发器的功能，并与 74LS74 比较。
（2）用 4013 实现 JK 触发器的功能，并与 74LS112 比较。
（3）搭建双相时钟脉冲电路，观察时钟脉冲波形，并记录数据。
（4）搭建 3/2 分频电路，观察输入与输出波形，并记录数据。

4.1.5　基于 VHDL 实现的 JK 触发器

在可编程开发环境中，编写具有复位和置位功能的 JK 触发器的 VHDL 程序如下：

```
LIBRARY IEEE;
USE IEEE.STD_LOGIC_1164.ALL;
ENTITY jk IS
PORT (j,k,clr:IN STD_LOGIC;
         cp:IN STD_LOGIC;
         q,qn:BUFFER STD_LOGIC);
END jk;
ARCHITECTURE bhv OF jk IS
BEGIN
  PROCESS(j,k,clr,cp)
     VARIABLE jk: STD_LOGIC_VECTOR(1 DOWNTO 0);
     BEGIN
       jk:=(j&k);
       IF clr='0' THEN    q<='0'; qn<='1';
         ELSIF cp'EVENT AND cp='0' THEN
           CASE jk IS
             WHEN "00"=>  q<=q; qn<=qn;
             WHEN "01"=> q<='0'; qn<='1';
             WHEN "10"=> q<='1'; qn<='0';
             WHEN "11"=> q<=NOT q; qn<=NOT qn;
             WHEN OTHERS =>NULL;
           END CASE;
       END IF;
    END PROCESS;
END bhv;
```

根据可编程器件的开发步骤，在完成输入、编辑、仿真和下载后，实际测试即可。图 4.13 所示是该程序在 Quartus II 13.1 环境中的仿真波形。

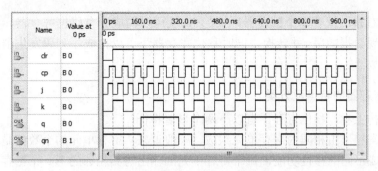

图 4.13 JK 触发器的仿真波形

从图 4.13 可知，该 VHDL 程序实现了 JK 触发器的功能。

4.1.6 触发器常见故障分析及诊断

查找除了电源问题、连线与器件本身等和门电路类似的问题外，触发器的常见故障有时钟及控制端的设置等问题，查找的基本步骤为：

（1）检查电路连接是否与原理图一致；
（2）检查器件的型号、引脚排列顺序是否正确；
（3）检查仪表设置是否恰当，特别是示波器的设置是否合理；
（4）检查电源和地是否正确连接，触发器芯片置位端和复位端是否按功能表连接；
（5）检查时钟信号是否符合 TTL 电平要求，且直接加到触发器芯片的时钟端；
（6）若以上 5 步均无问题，则检查触发器芯片是否有异常现象。

4.1.7 实验报告及思考题

（1）列表整理各类触发器的逻辑功能。
（2）总结观察到的波形，说明触发器的触发方式。
（3）思考触发器的应用，探索触发器实现的不同途径。
（4）利用普通机械开关组成的数据开关所产生的信号是否可以作为触发器的时钟脉冲信号？为什么？是否可以用作触发器的其他输入端的信号？为什么？

4.2 移位寄存器

4.2.1 移位寄存器实验目的与要求

（1）掌握移位寄存器的基本概念和一般构成方法；
（2）掌握 4 位双向移位寄存器的逻辑功能及使用方法；
（3）熟悉移位寄存器的基本应用及故障排除；
（4）学会移位寄存器的仿真；
（5）了解 VHDL 实现移位寄存器的方法。

4.2.2 移位寄存器基础知识

移位寄存器是一个具有移位功能的寄存器，寄存器中所存的代码能够在移位脉冲的作用下依次左移或右移。把若干个触发器串接起来，就可以构成一个移位寄存器。移位寄存器的主要用途是实现数据的串-并转换，同时移位寄存器还可以构成序列码发生器、序列码检测器和移位型计数器等。

1. 移位寄存器的特点及分类

从逻辑结构上看，移位寄存器有以下两个显著特征：

（1）移位寄存器由相同的寄存单元组成。一般说来，寄存单元的个数就是移位寄存器的位数。为了完成不同的移位功能，每个寄存单元的输出与其相邻的下一个寄存单元的输入之间的连接方式不同。

（2）所有寄存单元公用一个时钟。在公共时钟的作用下，各个寄存单元的工作是同步的。每输入一个时钟脉冲，寄存器的数据就按一定的顺序向左或向右移动一位。

通常按数据传输方式的不同对移位寄存器进行分类。移位寄存器的数据输入方式有串行输入和并行输入之分。串行输入就是在时钟脉冲作用下，把要输入的数据从一个输入端依次逐位送入寄存器；并行输入就是把输入的数据从输入端同时送入寄存器。串行输入的数据加到第一个寄存单元的 D 端，在时钟脉冲的作用下输入，数据传送速度较慢；并行输入的数据一般由寄存单元的 R、S 端送入，传送速度较快。

移位寄存器的移位方向有右移和左移之分。右移是指数据由左边最低位输入，依次由右边的最高位输出；而左移时，右边的第一位为最低位，最左边的则为最高位，数据由低位的右边输入，由高位的左边输出。

移位寄存器的输出也有串行和并行之分。串行输出就是在时钟脉冲作用下，寄存器最后一位输出端依次逐位输出寄存器的数据；并行输出则是寄存器的每个寄存单元均有输出。移位寄存器按数据传输方式可分为：串入串出移位寄存器，如 CD4006；串入并出/串出移位寄存器，如 CD4015、串入/并入串出移位寄存器，如 CD4014、CD4021；并入/串入并出/串出移位寄存器，如 CD4035、CD40195；并入/串入并出/串出(左移、右移)移位寄存器，如 CD4034、CD40194。按位数分，可分为 4 位、8 位、18 位移位寄存器，其中 4 位移位寄存器有 74194、CD4035、CD40194、CD40195，8 位移位寄存器有 74164、CD4094、CD4014、CD4021、CD4034 等，18 位移位寄存器有 CD4006。几种常用移位寄存器的主要功能性能对比如表 4.7 所示。

表 4.7 几种常用移位寄存器的主要功能性能对比

型号	功能	位数	工作频率/MHz	右移	左移	置数	保持	触发时刻	引脚数
CD4006	SISO	18	10	√	×	×	×	下降沿	14
74164	SIPO	8	25	√	×	×	×	上升沿	14
CD4094	SIPO	8	5	√	×	×	√	上升沿	16
74194	B/PIPO	4	25	√	√	√	√	上升沿	16
CC40194	B/PIPO	4	9	√	√	√	√	上升沿	16
74195	PIPO	4	30	√	×	√	√	上升沿	16
CD4035	PIPO	4	5	√	×	√	√	上升沿	16
CD4015	SIPO	4	9	√	×	×	×	上升沿	16
CD4021	PISO	8	5	√	×	√	×	上升沿	16
7495	PIPO	4	36	√	×	√	√	下降沿	14

注：B——双向，P——并（入/出），S——串（入/出），I——输入，O——输出，√——有此功能，×——无此功能。例如，B/PIPO 表示"双向/并入并出"。

2. 典型移位寄存器芯片

1) 74LS194

4 位双向通用移位寄存器 74LS194 是实验常用的芯片之一,它和 CC40194 功能相同,可互换使用,其逻辑符号及引脚排列如图 4.14 所示。其中,$\overline{C}_R$ 为清零端,S_0、S_1 为模式控制,CP 是时钟,S_R、S_L 分别是右移和左移的数据输入,D_0、D_1、D_2、D_3 是输入数据端,Q_0、Q_1、Q_2 和 Q_3 是输出。

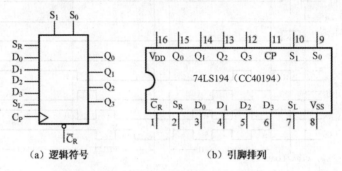

图 4.14 74LS194 的逻辑符号及引脚排列

74LS194 移位寄存器逻辑电路的逻辑功能表如表 4.8 所示,从表中可知 74LS194 具有下述功能。

(1) 异步清零:$\overline{C}_R=0$,$Q_3Q_2Q_1Q_0=0000$;
(2) 并行置数寄存:$\overline{C}_R=1$,$S_1=S_0=1$,CP↑时刻 $Q_3Q_2Q_1Q_0=D_3D_2D_1D_0$;
(3) 保持:$\overline{C}_R=1$,$S_1=S_0=0$,$Q_3Q_2Q_1Q_0$ 保持原态;
(4) 右移:$\overline{C}_R=1$,$S_1=0$、$S_0=1$,CP↑时刻 $Q_3Q_2Q_1Q_0$ 的状态由 Q_0 向 Q_3 移位;
(5) 左移:$\overline{C}_R=1$,$S_1=1$、$S_0=0$,CP↑时刻 $Q_3Q_2Q_1Q_0$ 的状态由 Q_3 向 Q_0 移位。

表 4.8 74LS194 逻辑功能表

输入										输出			
清零	模式控制		时钟	串行		并行				Q_A	Q_B	Q_C	Q_D
	S_1	S_0		左移	右移	A	B	C	D				
L	×	×	×	×	×	×	×	×	×	L	L	L	L
H	×	×	L	×	×	×	×	×	×	Q_{A0}	Q_{B0}	Q_{C0}	Q_{D0}
H	H	H	↑	×	×	a	b	c	d	a	b	c	d
H	L	H	↑	×	H	×	×	×	×	H	Q_{An}	Q_{Bn}	Q_{Cn}
H	L	H	↑	×	L	×	×	×	×	L	Q_{An}	Q_{Bn}	Q_{Cn}
H	H	L	↑	H	×	×	×	×	×	Q_{Bn}	Q_{Cn}	Q_{Dn}	H
H	H	L	↑	L	×	×	×	×	×	Q_{Bn}	Q_{Cn}	Q_{Dn}	L
H	L	L	×	×	×	×	×	×	×	Q_{A0}	Q_{B0}	Q_{C0}	Q_{D0}

图 4.15 给出了 74LS194 的工作时序,从中可以看出 74LS194 异步清零、并行置数寄存、保持、右移和左移的时间顺序及相互关系。

2) 74VHC164

8 位串入/并出移位寄存器 74VHC164 的逻辑符号及引脚排列如图 4.16 所示。

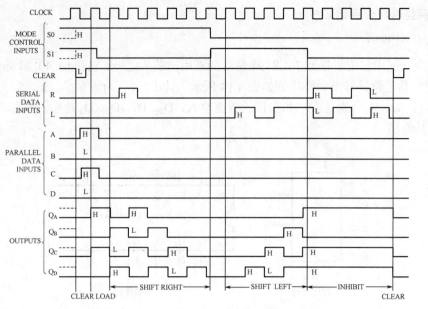

图 4.15 74LS194 的工作时序

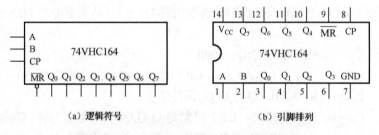

(a) 逻辑符号　　　　　　　(b) 引脚排列

图 4.16 74VHC164 的逻辑符号及引脚排列

其中，$\overline{MR}$ 为清零端，A 和 B 是串行数据输入，CP 是时钟，$Q_0 \sim Q_7$ 为输出，74VHC164 的逻辑功能表如表 4.9 所示。

表 4.9 74VHC164 的逻辑功能表

工作模式	输入			输出	
	$\overline{MR}$	A	B	Q_0	$Q_1 \sim Q_7$
清零	0	×	×	0	0~0
移位	1	0	0	0	$Q_0 \sim Q_6$
	1	0	1	0	$Q_0 \sim Q_6$
	1	1	0	0	$Q_0 \sim Q_6$
	1	1	1	$Q_0 \sim Q_6$

从表 4.9 可知，74VHC164 具有异步清零功能和右移功能，其中只有当 A、B 同为 1 时，$Q_0=1$，否则 $Q_0=0$。

4.2.3 移位寄存器的 EDA 仿真

1. 基于 D 触发器构成的移位寄存器的 EDA 仿真

在 Multisim11 软件中，按照图 4.17 所示的电路，从 TTL 库中调 74LS74N、从基本库中调 VCC、GND、J1，从指示库中调 X1、X2、X3、X4 等元件，连线构建 4 位基于 D 触发器的移位寄存器仿真电路。为了方便观察，图 4.17 中的虚拟信号源设置 5V/10Hz，通过拨动开关 J1 改变数据输入的值，设置每个 D 触发器清零端和复位端为高电平，使得 D 触发器在 CP 作用下发生状态变化。启动仿真，观察输出 X1、X2、X3 和 X4 的状态变化可知，该电路能实现移位寄存器的逻辑功能。

2. 4 位通用移位寄存器 74LS194 的 EDA 仿真

在 Multisim11 软件中，按照图 4.18 所示的电路，从 TTL 库中调 74LS194D，从基本库中调 VCC、GND、J1~J4，从指示库中调 X1、X2、X3、X4 等元件，连线构建移位寄存器仿真电路。置图中 74LS194D 的清零端为高电平，为了方便观察，图 4.18 中的虚拟信号源为 5V/20Hz，通过拨动开关 J1，改变数据输入的值，观察输出 QA、QB、QC 和 QD 的状态变化。图 4.18 是 74LS194D 的 EDA 仿真测试电路。

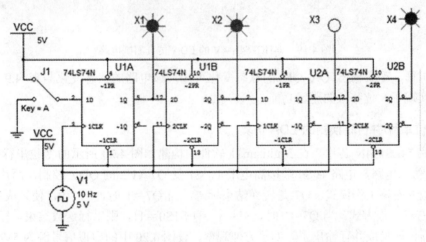

图 4.17 基于 D 触发器构成的移位寄存器的仿真电路

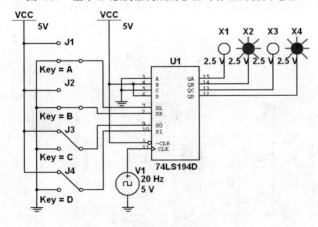

图 4.18 74LS194 EDA 仿真测试电路

启动仿真，观察输出 QA、QB、QC 和 QD 的状态变化，可知该电路的状态变化与表 4.8 一致，即 74LS194 实现了移位、保存的逻辑功能。

3. 74HC164 的 EDA 仿真

在 Multisim11 软件中，按照图 4.19 所示的电路，从 TTL 库中调 74HC164N-4V，从基本库中调 VCC、GND、J1、J2，从指示库中调 X1~X8 等元件，连线构建 74HC164N-4V 移位寄存器仿真电路。为了方便观察，图中的虚拟信号源为 5V/10Hz，通过拨动开关 J1 改变数据输入的值，观察输出 QA~QH 的状态变化。图 4.19 是 74HC164N-4V 的 EDA 仿真测试电路。

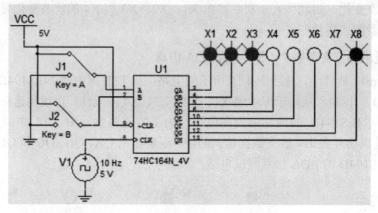

图 4.19　74HC164N-4V 的 EDA 仿真测试电路

启动仿真，观察输出 QA~QH 的状态变化可知，该电路的状态变化与表 4.9 一致，即 74HC164 实现了 8 位移位的逻辑功能。

4．7 位串行/并行转换器的 EDA 仿真

用两片 74LS194N 芯片，在 Multisim11 软件中构建如图 4.20 所示的 7 位串行/并行转换器的 EDA 仿真电路，电路中 S0 端接高电平 1，S1 受 Q7（U2 的 QD）控制，两片寄存器连接成串行输入右移工作模式。Q7 是转换结束标志。当 Q7＝1 时，S1＝0，使之成为 S1S0＝01 的串入右移工作方式；当 Q7＝0 时，S1＝1，有 S1S0＝11，则串行送数结束，标志着串行输入的数据已转换成并行输出了。为了方便观察，设图 4.20 中的虚拟信号源为 5V/10Hz，通过拨动开关 J1 改变串行输入的数据，观察 U1、U2 的输出 QA、QB、QC 和 QD 的状态变化。

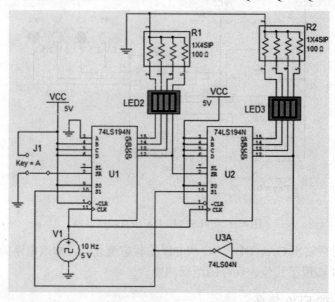

图 4.20　74LS194N 构成串行/并行转换器的 EDA 仿真电路

启动仿真，观察输出 LED2 和 LED3 的状态变化，可知该电路实现了串行/并行转换的逻辑功能。

5. 7 位并行/串行转换器的 EDA 仿真

在 Multisim11 软件中，按照图 4.21 所示的电路，从元器件库中调用 74LS194N、74LS21D、74LS00N、逻辑开关 J1～J7、发光二极管 X1 和 X2 等元件，连线构成 7 位并行/串行转换器的仿真电路。图中 U1、U2、U3A、U3B、U4A、U4B 连接成并行输入右移工作模式，利用逻辑开关 J8 为电路提供转换启动信号（即一个负脉冲），逻辑开关 J1、J2、J3 依次控制 U1（74LS194N）的 D、C、B 端，用 D_1、C_1、B_1、A_1 表示 U1（74LS194N）的 D、C、B、A 端的逻辑电平；逻辑开关 J4、J5、J6、J7 依次控制 U2（74LS194N）的 D、C、B、A 端，用 D_2、C_2、B_2、A_2 表示 U2（74LS194N）的 D、C、B、A 端的逻辑电平；U1 的 A 端接地。$A_1B_1C_1D_1A_2B_2C_2D_2$ 是并行数据输入端。U1 的 S0 端和 U2 的 S0 端均接高电平 1，U1 的 S1 端和 U2 的 S1 端同时受 U4B 输出的控制。$Q_{1A}Q_{1B}Q_{1C}Q_{1D}Q_{2A}Q_{2B}Q_{2C}Q_{2D}$ 分别表示 U1 和 U2 对应的输出，X1（Q_{2D}）表示串行输出，X2 表示转换结束标志。信号源 V1 为转换电路提供时钟信号。

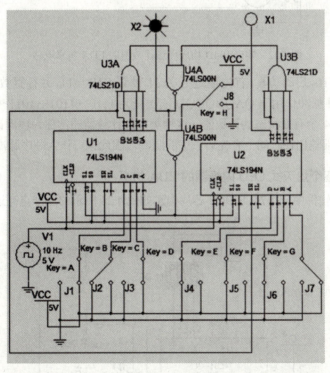

图 4.21 74LS194N 构成并行/串行转换器的 EDA 仿真电路

其工作过程为：U1 和 U2 清零后，使 74LS194N 模式控制 S1S0 为 11，转换电路执行并行输入操作。当第一个 CP 脉冲到来后，$Q_{1A}Q_{1B}Q_{1C}Q_{1D}Q_{2A}Q_{2B}Q_{2C}Q_{2D}$ 的状态为 $0B_1C_1D_1A_2B_2C_2D_2$；并行输入数码存入移位寄存器 74LS194N，从而使得 U4B 输出为 0，结果 S1S0 变为 01，转换电路随着 CP 脉冲的加入，开始执行右移串行输出，随着 CP 脉冲的依次加入，输出状态依次右移，待右移操作 7 次后，Q_{1A}~Q_{2C} 的状态都为高电平，U4B 的输出为高电平，使得 U1 的 S1 端和 U2 的 S1 端变为 1；即 74LS194N 的 S1S0 又变为 11，表示并行

/串行转换结束,且为第二次并行输入创造了条件。

6. 74LS194D 构成环形计数器的 EDA 仿真

在 Multisim11 软件中,用 74LS194D 芯片构建如图 4.22 所示的环形计数器 EDA 仿真电路,为了方便观察,图 4.22 中的虚拟信号源设置 5V/20Hz,通过拨动开关 J1 改变模式 S0、S1 控制的数据,观察 74LS194D 的输出 QA、QB、QC 和 QD 的状态变化。

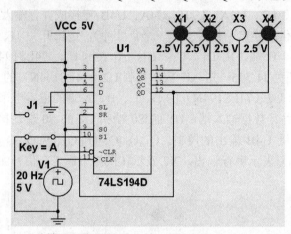

图 4.22 74LS194D 构成环形计数器的 EDA 仿真电路

设 ABCD=1110,启动仿真,首先通过开关 J1 设置 S1S0=11,并行置数,使 QAQBQCQD=1110;然后在时钟脉冲作用下 QAQBQCQD 依次变为 1110→1101→1011→0111→1110……,可见它是一个具有 4 个有效状态的计数器,这种类型的计数器通常称为环形计数器。图 4.22 电路可以由各个输出端输出在时间上有先后顺序的脉冲,因此也可作为顺序脉冲发生器使用。

7. 逐个点亮逐个熄灭式 LED 闪烁器的 EDA 仿真

在 Multisim11 软件中,用 74LS194N 芯片构建如图 4.23 所示的逐个点亮逐个熄灭式 LED 闪

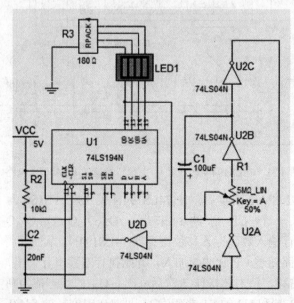

图 4.23 逐个点亮逐个熄灭式 LED 闪烁器 EDA 仿真电路

烁器 EDA 仿真电路。图中的 U2A、U2B、U2C 和电位器 R1 及电容 C1 构成振荡器，产生时钟信号，R2 和 C2 构成复位电路，当系统加电时先复位清零，然后使清零端~CLR 为高电平。设置模式控制 S0S1=10，使 74LS194N 处于右移状态。启动仿真，观察 74LS194N 的输出 QA、QB、QC 和 QD 的状态变化可知，该电路实现了逐个点亮逐个熄灭式 LED 闪烁器的逻辑功能。

4.2.4 移位寄存器电路

1. 74LS194 的功能测试

（1）搭建 74LS194 的功能测试电路，如图 4.24 所示。

（2）按表 4.10 所示的顺序输入信号，观察并记录输出 QA、QB、QC 和 QD 的状态，填入表中，说明其逻辑功能。

表 4.10　74LS194 功能测试表

输入										输出				功能
时钟	清零	模式		移位输入		并行输入				QA	QB	QC	QD	
CP	$\overline{CR}$	S1	S0	DSR	DSL	D0	D1	D2	D3					
×	0	×	×	×	×	×	×	×	×					
↑	1	1	1	×	×	A	B	C	D					
↑	1	0	1	DSR	×	×	×	×	×					
↑	1	1	0	×	DSL	×	×	×	×					
↑	1	0	0	×	×	×	×	×	×					
0	1	×	×	×	×	×	×	×	×					

2. 74VHC164 的功能测试

（1）74VHC164 的功能测试电路如图 4.25 所示，图中输入 A、B 和模式 $\overline{MR}$ 接逻辑开关，CP 外接时钟信号源，输出接 LED。

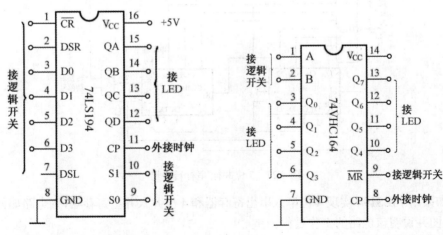

图 4.24　74LS194 功能测试电路　　图 4.25　74VHC164 的功能测试电路

（2）按表 4.11 的顺序输入信号，观察并记录输出 Q0~Q7 的状态，填入表中，说明其逻辑功能。

表 4.11 74VHC164 的功能测试表

输入				输出								功能
时钟	清零	输入		Q0	Q1	Q2	Q3	Q4	Q5	Q6	Q7	
CP	$\overline{MR}$	A	B									
×	0	×	×									
↑	1	0	0									
↑	1	0	1									
↑	1	1	0									
↑	1	1	1									

3．数据的串、并行转换

（1）按照图 4.26 连线，搭建 7 位串行/并行转换器。CP 接单次脉冲,在数据输入端 S_R 通过逻辑开关输入串行数据 d_i，利用 LED 观察并行输出 $Q_0 \sim Q_6$，记录数据，说明该电路的工作过程。

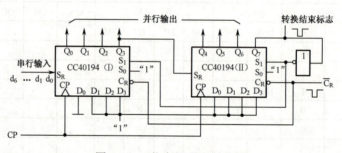

图 4.26　7 位串行/并行转换器

（2）按照图 4.27 连线，搭建 7 位并行/串行转换器。CP 接单次脉冲，在数据输入端 $D_0 \sim D_7$ 通过逻辑开关输入并行数据，利用 LED 观察串行输出 Q_7，记录数据，说明该电路的工作过程。

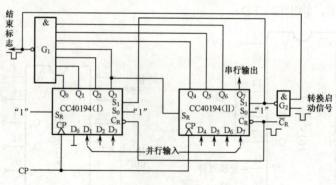

图 4.27　7 位并行/串行转换器

（3）如果用 74LS194 实现 4 位串入串出寄存器和 4 位并入并出寄存器,则电路如何连接？给出电路图并说明该电路的工作过程。

（4）用 74LS194 设计 4 位环形计数器，画出电路图并实现。

（5）用 74LS194 设计逐个点亮逐个熄灭式 LED 闪烁器，画出电路图并实现。

4.2.5　基于 VHDL 实现的 8 位移位寄存器

在基于可编程开发环境中，编写 8 位移位寄存器的 VHDL 程序如下：

```vhdl
LIBRARY ieee;
USE ieee.std_logic_1164.ALL;
ENTITY jcq IS
GENERIC (n:POSITIVE:=8);
PORT (clock,serinl,serinr:in std_logic;
        mode:in std_logic_vector(1 DOWNTO 0);
        datain:in std_logic_vector((n-1) DOWNTO 0);
        dataout:out std_logic_vector((n-1) DOWNTO 0));
END jcq;
ARCHITECTURE bhv OF jcq IS
  SIGNAL int_reg:std_logic_vector((n-1) DOWNTO 0);
  BEGIN
  main_proc: PROCESS
    BEGIN
    WAIT UNTIL rising_edge(clock);
      CASE mode IS
        WHEN    "00"=> int_reg<=(OTHERS=>'0');
        WHEN    "01"=> int_reg<=datain;
        WHEN    "10"=> int_reg<=int_reg((n-2) DOWNTO 0)&serinl;
        WHEN    "11"=> int_reg<=serinr&int_reg((n-1) DOWNTO 1);
        WHEN    OTHERS => NULL;
      END CASE;
    END PROCESS;
      dataout<=int_reg;
END bhv;
```

根据可编程器件的开发步骤,在完成输入、编辑、仿真和下载后,实际测试即可。图 4.28 所示是该程序在 Quartus II 环境中的仿真波形。

从图 4.28 可知,该 VHDL 程序实现了 8 位移位寄存器的功能。

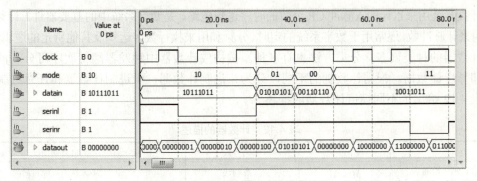

图 4.28 8 位移位寄存器的仿真波形

4.2.6 移位寄存器常见故障分析及诊断

除了电源、连线和器件本身等的问题,以及和触发器类似的问题外,移位寄存器常见的故障还有并入并出功能不正常,左移或右移功能不正常,构成扭环计数器或脉冲发生器时计数过程或输出脉冲不正常等。检查故障的基本步骤为:

(1)按照原理图检查电路连接是否正确,器件的型号、引脚排列顺序是否与原理图一致,电源和地是否正确。

(2)检查时钟信号是否符合 TTL 电平要求且直接加到移位寄存器的时钟端芯片置位端和复位端是否按功能表连接,以排除移位寄存器无反应的故障。

(3)检查各级触发器之间的连接是否正确,或更换芯片,以排除寄存器移位结果的错误。

(4)检查控制端的设置,以排除寄存器串、并转换及移位不正常的错误。

(5)若以上 4 步均无问题,检查芯片是否有异常现象。

4.2.7 实验报告及思考题

(1)分析表 4.10 和表 4.11 的实验结果,总结移位寄存器 74LS194 和 74VHC164 的逻辑功能并写入"功能"一栏。

(2)在对 74LS194 送数后,若要使输出端改成另外的数码,是否一定要使寄存器清零?

(3)使 74LS194 等芯片清零,除采用 $\overline{CR}$ 输入低电平外,可否使用并行送数法或右移、左移的方法?若可行,则采用以上各方法清零有什么区别?

4.3 计数器

4.3.1 计数器实验目的与要求

(1)掌握常用计数器的基本概念和一般构成方法;

(2)掌握中规模计数器逻辑功能及使用方法;

(3)熟悉计数器的基本应用及故障排除;

(4)学会常见计数器及其应用的仿真;

(5)了解 VHDL 实现模 10 计数器的方法。

4.3.2 计数器基础知识

计数器是用来累计输入脉冲 CP 个数的时序逻辑电路,是数字系统中的重要器件。计数器不仅可用来计脉冲数,还常用于数字系统的定时、分频和用来执行数字运算及其他特定的逻辑功能。

计数器的种类繁多,分类方法也有多种。按构成计数器中触发器翻转次序可分为同步计数器和异步计数器。根据计数制的不同,分为二进制计数器,十进制计数器和任意进制计数器。表 4.12 给出了不同模值计数器的描述。

表 4.12 计数器的描述

类 型	模 值	编码方式	自启动情况	
二进制计数器	$M = 2^n$	二进制码	无多余状态,能自启动	
十进制计数器	$M = 10$	BCD 码	有 6 个多余状态	要检查能否自启动
任意进制计数器	$M \leq 2n$	多种方式	有 $2^n - M$ 个多余状态	
环形计数器	$M = n$	每个状态只有一个 1(0)	有 $2^n - M$ 个多余状态	
扭形计数器	$M = 2n$	循环码	有 $2^n - M$ 个多余状态	

根据计数的增减趋势，又分为加法、减法和可逆计数器，还有可预置数和可编程计数器等，不同类型计数器及型号的描述如下：

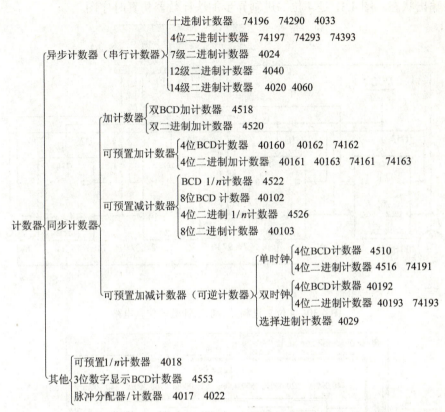

其中 CD4033 是单端输入十进制计数/七段译码输出，它把输入脉冲数直接译成七段码供数码管显示 0~9 的数，其输出端可直接带动 LED 数码管显示输入脉冲的个数。CD4518 和 CD4520 是一对姊妹产品，CD4518 是采用二/十进制的 BCD，而 CD4520 则是二进制码，共有 16 种状态；CD4017 与 CD4022 是一对姊妹产品，主要区别是 CD4022 为八进制计数，而 CD4017 为单端输入十进制计数。

4.3.3 由 D 触发器构成 4 位异步二进制计数器的仿真及硬件实现

1. 由 D 触发器构成 4 位异步二进制计数器的仿真

图 4.29 所示是用 4 只 D 触发器构成的 4 位二进制异步加法计数器的原理图，它的连接特点是将每只 D 触发器接成 T'触发器，再由低位触发器的 $\overline{Q}$ 端和高一位的 CP 端相连接。

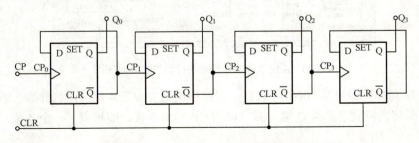

图 4.29　4 位二进制异步加法计数器原理图

图 4.30 所示是 4 位二进制异步加法计数器在 Multisim11 中的仿真电路,图中的触发器清零端 CLR 和置位端~PR 接高电平,时钟信号接虚拟信号源并设置为 5 V/100 Hz,通过逻辑分析仪观察输出状态,图 4.31 是 4 位二进制异步加法计数器仿真时序图。

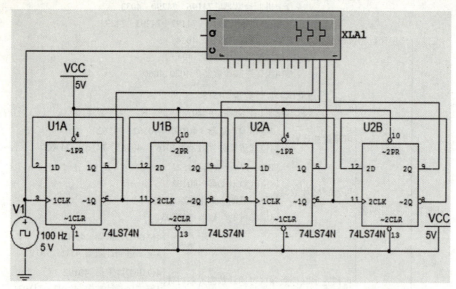

图 4.30　4 位二进制异步加法计数器仿真电路

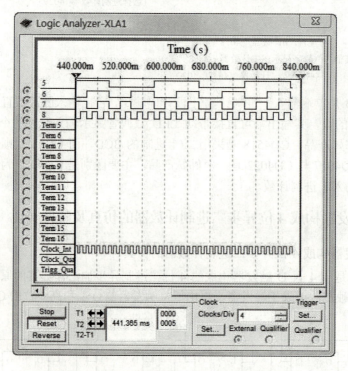

图 4.31　4 位二进制异步加法计数器仿真时序图

从图 4.31 可知,输出从 0000 到 1111,因此该电路实现了 4 位二进制计数。若将图 4.29 稍加改动,即将低位触发器的 Q 端与高一位的 CP 端相连接,即构成了一个 4 位二进制减法计数器。

2. 由 D 触发器构成 4 位异步二进制计数器的硬件实现

（1）把图 4.30 转化成实验连接图，将低位 CLK 端接单次脉冲源，输出端接逻辑电平显示 LED。

（2）合理布局，可靠连线，检查无误时，加+5 V 电压。

（3）清零。触发器清零端 CLR 接低电平，使各计数器处在 Q=0 的状态。

（4）清零后，触发器清零端 CLR 和置位端 PR 接高电平，逐个送入单次脉冲，观察并列表记录 $Q_3 \sim Q_0$ 的状态。

（5）将单次脉冲改为 1 Hz 的连续脉冲，观察输出端的状态。将 1 Hz 的连续脉冲改为 1 kHz，用双踪示波器观察 CLK、输出端波形，描绘之。

（6）将图 4.30 电路中的低位触发器的 Q 端与高一位的 CP 端相连接，构成减法计数器，按实验内容（3）、（4）、（5）进行实验，观察并列表记录输出的状态。

4.3.4 常用集成计数器的仿真及功能测试

1. 74LS161 的仿真及功能测试

1）74LS161 的基本知识

74LS161 是具有异步清零的可预置 4 位二进制同步计数器，该计数器具有异步清零，同步并行预置数据，计数和保持功能，进位输出端可以串接计数器使用。它的逻辑符号和引脚排列如图 4.32 所示，表 4.13 给出了 74LS161 的逻辑功能表。

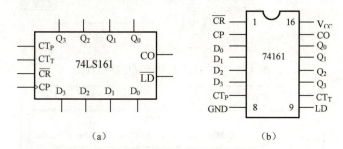

图 4.32 74LS161 的逻辑符号（a）和引脚排列（b）

表 4.13 74LS161 的逻辑功能表

CP	$\overline{CR}$	$\overline{LD}$	CT_P	CT_T	输出状态
↑	1	0	×	×	预置
↑	1	1	0	×	保持
↑	1	1	×	0	保持
↑	1	1	1	1	计数
×	0	×	×	×	清除

从表 4.13 可以知道，74LS161 在 $\overline{RD}$ 为低电平时实现异步复位（清零 $\overline{CR}$）功能，即复位不需要时钟信号。在复位端高电平条件下，预置端 $\overline{LD}$ 为低电平时实现同步预置功能，即需要有效时钟信号才能使输出状态 $Q_3 Q_2 Q_1 Q_0$ 等于并行输入预置数 $D_3 D_2 D_1 D_0$。当复位和预置端都为无效电平时，在两计数使能端输入使能信号，$CT_T CT_P = 1$，则 74LS161 实现模 16 加法计数功能，$Q_3^{n+1} Q_2^{n+1} Q_1^{n+1} Q_0^{n+1} = Q_3^n Q_2^n Q_1^n Q_0^n + 1$；在两计数使能端输入禁止信号，$CT_T CT_P = 0$，则集成计数

器实现状态保持功能，$Q_3^{n+1}Q_2^{n+1}Q_1^{n+1}Q_0^{n+1}=Q_3^nQ_2^nQ_1^nQ_0^n$。在 $Q_3^nQ_2^nQ_1^nQ_0^n=1111$ 时，进位输出端 CO=1。

74LS160 是 TTL 集成 BCD 计数器，它与 74LS161 有相同的引脚分布和功能表，但 74LS160 按 BCD 码实现模 10 加法计数，且 $Q_3^nQ_2^nQ_1^nQ_0^n=1001$ 时，CO=1。

2）74LS161 的 EDA 仿真

在 Multisim11 中，74LS161 功能测试电路的仿真图如图 4.33 所示，图中的 74LS161N 清零端 CLR 和计数使能端 ENT、ENP 接逻辑开关，时钟信号接虚拟信号源并设置为 5V/100Hz，通过改变开关 J1、J2、J3 和 J4 的状态，利用逻辑分析仪观察输出状态。图 4.34 是 74LS161N 仿真时序图。

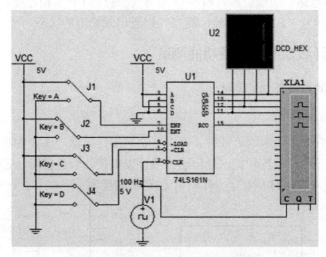

图 4.33 74LS161 功能测试电路仿真图

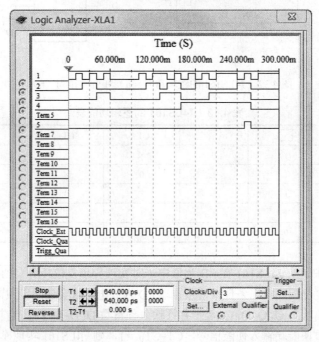

图 4.34 74LS161 仿真时序图

从图 4.34 可以看出，74LS161 输出状态在时钟作用下，按表 4.14 完成计数等逻辑功能。

3）74LS161 功能测试

（1）把图 4.33 转化成实验连接图，如图 4.35 所示，在 CLK 端接单次脉冲源，输出端 Q_3、Q_2、Q_1、Q_0 接逻辑电平显示 LED。

（2）合理布局，可靠连线，检查无误时，在芯片引脚 16 端加+5 V 电压。

（3）按表 4.14 顺序输入信号，观察并记录输出 Q_0、Q_1、Q_2 和 Q_3 的状态，填入表中，说明其逻辑功能。

（4）将单次脉冲改为 1 Hz 的连续脉冲，观察 $Q_0 \sim Q_3$ 的状态。

（5）将 1 Hz 的单次脉冲改为 1 kHz 连续脉冲，用双踪示波器观察 CLK、Q_3、Q_2、Q_1、Q_0 端的波形，对波形进行描绘。

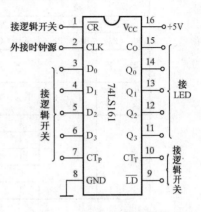

图 4.35　74LS161 功能测试连线图

表 4.14　74LS161 功能测试表

输入								输出				功能
时钟	清零	计数使能		置入控制	并行输入				Q_0	Q_1	Q_2	Q_3	
CLK	$\overline{CR}$	CT_P	CT_T	$\overline{LD}$	D_0	D_1	D_2	D_3					
×	0	×	×	×	×	×	×	×					
↑	1	×	×	0	A	B	C	D					
↑	1	1	1	1	×	×	×	×					
↑	1	1	0	1	×	×	×	×					
↑	1	0	0	1	×	×	×	×					
0	1	×	×	1	×	×	×	×					

2. 74LS290 的仿真及功能测试

1）74LS290 的基本知识

74LS290 是由 4 个下降沿触发的 JK 触发器组成的异步二—五—十进制计数器。它有两个时钟输入端 CP_0 和 CP_1，CP_0 和 Q_0 组成一个二进制计数器，CP_1 和 $Q_3Q_2Q_1$ 组成五进制计数器，两者配合可实现二进制计数器，五进制计数器和十进制计数器。74LS290 的逻辑符号和引脚排列如图 4.36 所示，74LS290 为 DIP14 封装，表 4.15 是 74LS290 的功能表。

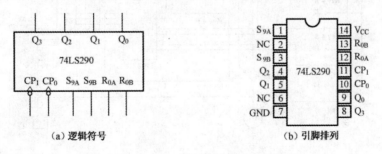

图 4.36　74LS290 的逻辑符号和引脚排列

表 4.15 74LS290 的功能表

输入						输出				功能
清零		置9		时钟		Q_3	Q_2	Q_1	Q_0	
R_{0A}	R_{0B}	R_{9A}	R_{9B}	CP_0	CP_1					
1	1	0	×	×	×	0	0	0	0	清零
		×	0							
0	×	1	1	×	×	1	0	0	1	置9
×	0									
0	×	0	×	↓	1	Q_0 输出				二进制计数
×	0	×	0	1	↓	$Q_3Q_2Q_1$ 输出				五进制计数
				↓	Q_0	$Q_3Q_2Q_1Q_0$ 输出 8421BCD 码计数				十进制计数
				Q_3	↓	$Q_0Q_3Q_2Q_1$ 输出 5421BCD 码计数				十进制计数
				1	1	不变				保持

从表 4.15 可知，74LS290 具有以下功能：

（1）清零功能，即当 S_{9A} 和 S_{9B} 不全为 1，并且 $R_{0A}=R_{0B}=1$ 时，不论其他输入端状态如何，计数器输出 $Q_3 Q_2 Q_1 Q_0=0000$，故又称为异步清零功能或复位功能。

（2）置 9 功能，即当 $S_{9A}=S_{9B}=1$ 并且 R_{0A} 和 R_{0B} 不全为 1 时，不论其他输入端状态如何，计数器输出 $Q_3 Q_2 Q_1 Q_0=1001$。

（3）计数功能，即当 S_{9A} 和 S_{9B} 不全为 1，并且 R_{0A} 和 R_{0B} 不全为 1 时，输入计数脉冲，计数器开始计数。计数脉冲由 CP_0 输入，从 Q_0 输出时，则构成二进制计数器；计数脉冲由 CP_1 输入，输出为 $Q_3Q_2Q_1$ 时，则构成五进制计数器；若将 Q_0 和 CP_1 相连，计数脉冲由 CP_0 输入，输出为 $Q_3Q_2Q_1Q_0$ 时，则构成十进制（8421 码）计数器；若将 Q_3 和 CP_0 相连，计数脉冲由 CP_1 输入，输出为 $Q_0Q_3Q_2Q_1$ 时，则构成十进制（5421 码）计数器。因此，74LS290 又称为二–五–十进制型集成计数器。

2）74LS290 的 EDA 仿真

在 Multisim11 中，74LS290 功能测试电路的仿真电路如图 4.37 所示，图中的 74LS290N 清零端 R01 和 R02 和置 9 端 R91 和 R92 接逻辑开关 J1、J2、J3 和 J4；设置虚拟信号源为 5 V/100 Hz，通过开关 J5、J6 和 J7 分别接到时钟信号 INB 和 INA，按表 4.15 改变开关 J1~J7 的状态计数模式，利用数码管和逻辑分析仪观察输出状态，确定 74LS290 的功能。

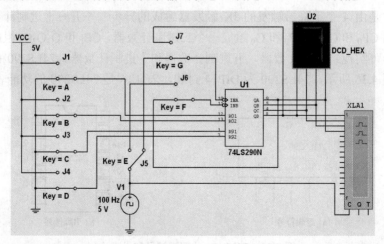

图 4.37 74LS290 在 8421BCD 码模式计数的仿真电路

注意表 4.15 中的 R_{0A}、R_{0B} 分别对应图 4.37 中的 R01 和 R02，S_{9A}、S_{9B} 分别对应图 4.37 中的 R91 和 R92，CP_1 和 CP_0 分别对应图 4.37 中的 INB、INA。

图 4.37 是 8421 BCD 码模式计数的 EDA 仿真图，其中 J1~J4 均接低电平，虚拟信号源接 INA，INB 接 QA，输出按 QDQCQBQA 顺序接数码管和逻辑分析仪，其仿真时序如图 4.38 所示。

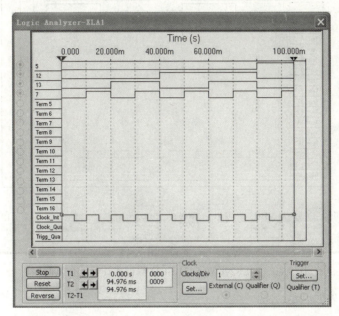

图 4.38　74LS290 在 8421 BCD 码模式计数的仿真时序

从图 4.38 可知，74LS290N 实现了按 8421 BCD 码模式计数的模 10 计数，计数顺序是 0~9。图 4.39 所示是 74LS290N 实现按 5421 BCD 码模式计数的仿真电路，图中 J1、J2、J3 和 J4 均接低电平，虚拟信号源接 INB（11 脚），INA（10 脚）接 QD，输出按 QAQDQCQB 顺序接数码管和逻辑分析仪，其仿真时序如图 4.40 所示。

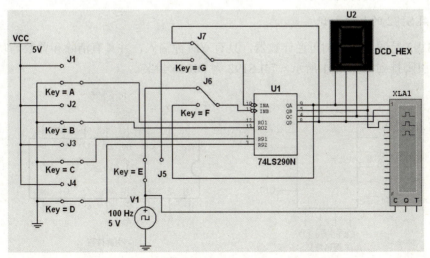

图 4.39　74LS290 在 5421 BCD 码模式计数的仿真电路

从图 4.40 可知，74LS290 实现了按 5421 BCD 码模式计数的模 10 计数器，数码管显示的计数顺序是 0、1、2、3、4、8、9、a、b 和 c。其他模式的仿真与此类似，这里不再赘述。

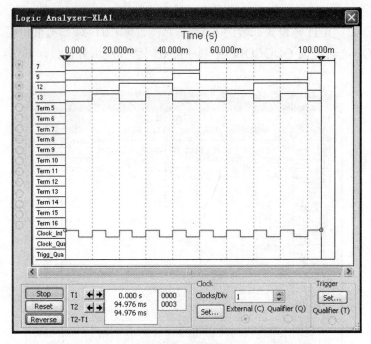

图 4.40　74LS290 在 5421 BCD 码模式计数的仿真时序

3）74LS290 功能测试

（1）复位、置数功能测试。根据 74LS290 的逻辑功能表，自己设计电路，分别将 74LS290 复位 $Q_3Q_2Q_1Q_0$ =0000 和置数为 $Q_3Q_2Q_1Q_0$=1001。

（2）选择合适的 CP 脉冲端和输出端，使 74LS290 成为二进制计数器、五进制计数器和十进制计数器。

3．74LS192 的仿真及功能测试

1）74LS192 的基础知识

74LS192 是同步十进制可逆计数器，具有双时钟输入，并具有清除和置数等功能，其逻辑符号和引脚排列如图 4.41 所示，74LS192 为 DIP16 封装。

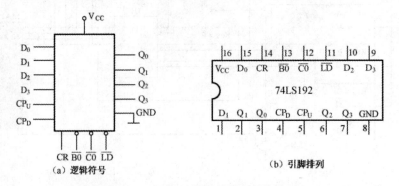

图 4.41　74LS192 逻辑符号和引脚排列

图 4.41 中 CR 是清零端，$\overline{LD}$ 是置数端，CP_U 是加计数端，CP_D 是减计数端，$\overline{CO}$ 是非同

步进位输出端，$\overline{BO}$ 是非同步借位输出端，D_0、D_1、D_2、D_3 是计数器输入端，Q_0、Q_1、Q_2、Q_3 是数据输出端。表 4.16 是 74LS192 的功能表。

表 4.16 74LS192 的功能表

输入								输出			
CR	$\overline{LD}$	CP_U	CP_D	D_3	D_2	D_1	D_0	Q_3	Q_2	Q_1	Q_0
1	×	×	×	×	×	×	×	0	0	0	0
0	0	×	×	a	c	d	b	a	c	d	b
0	1	↑	1	×	×	×	×	加计数			
0	1	1	↑	×	×	×	×	减计数			

由表 4.16 可知，74LS192 具有以下功能：
（1）异步清零：CR=1，$Q_3Q_2Q_1Q_0$=0000；
（2）异步置数：CR=0，$\overline{LD}$=0，$Q_3Q_2Q_1Q_0$=$D_3D_2D_1D_0$；
（3）保持：CR=0，$\overline{LD}$=1，CP_U=CP_D=1，$Q_3Q_2Q_1Q_0$ 保持原态；
（4）加计数：CR=0，$\overline{LD}$=1，CP_U=CP，CP_D=1，$Q_3Q_2Q_1Q_0$ 按加法计数；
（5）减计数：CR=0，$\overline{LD}$=1，CP_U=1，CP_D=CP，$Q_3Q_2Q_1Q_0$ 按减法计数。

2）74LS192 的 EDA 仿真

图 4.42 所示是 74LS192 在 Multisim11 软件中加计数模式的仿真电路，图中的 74LS192N 清零端 CLR 接低电平，置数端"~LOAD"和减计数端 DOWN 接高电平，加计数端 UP 连接的时钟信号由虚拟信号源提供并将虚拟信号源设置为 5 V/100 Hz，利用逻辑分析仪观察输出状态，图 4.43 是 74LS192 加计数模式的仿真时序图。

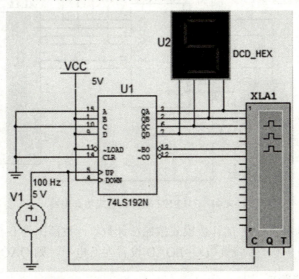

图 4.42 74LS192 加计数模式的仿真电路

图 4.44 所示是 74LS192 在 Multisim11 软件中减计数模式仿真电路，与 74LS192 加计数模式基本相同，只是图中的 74LS192 加计数端接高电平，减计数端连接时钟信号。图 4.45 是 74LS192 的减计数模式仿真时序图。

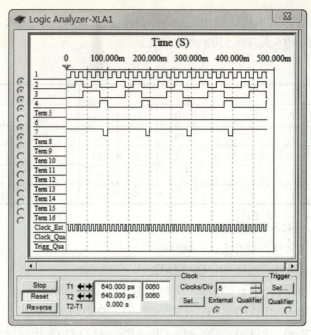

图 4.43　74LS192 加计数模式的仿真时序图

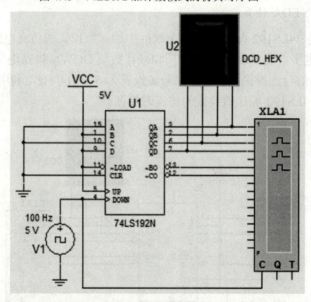

图 4.44　74LS192 减计数模式仿真电路

从图 4.43 和图 4.45 可知，加计数模式按加法计数，计数范围为 0~9；而减计数模式按减法计数，计数范围为 9~0。若将置数端 ~LOAD 设置为低电平，则 QAQBQCQD=ABCD。

3）74LS192 功能测试

计数脉冲由单次脉冲源提供，清除端 CR、置数端 $\overline{LD}$、数据输入端 $D_0 \sim D_3$ 分别接逻辑开关，输出端 $Q_3 \sim Q_0$ 接实验设备的译码显示输入的相应插口 A、B、C、D；$\overline{CO}$ 和 $\overline{BO}$ 接逻辑电平显示插口，按表 4.16 逐项测试并判断该集成块的功能是否正常。

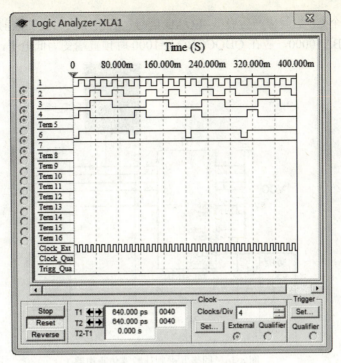

图 4.45 74LS192 减计数模式仿真时序图

(1) 复位、置数功能测试。根据 74LS192 的逻辑功能表，自己设计电路，分别将 74LS192 复位成 $Q_3Q_2Q_1Q_0$ =0000 和置数成 $Q_3Q_2Q_1Q_0$ = ABCD。

(2) 加计数功能测试。设置 CR=0，$\overline{LD}$ =CP_D =1，CP_U 接单次脉冲源。清零后送入 10 个单次脉冲，观察译码数字显示是否按 8421 码十进制状态转换表进行；输出状态变化是否发生在 CP_U 的上升沿。

(3) 减计数功能测试。设置 CR=0，$\overline{LD}$ =CP_U=1，CP_D 接单次脉冲源。清零后送入 10 个单次脉冲，观察译码数字显示是否按 8421 码十进制状态转换表进行；输出状态变化是否发生在 CP_D 的上升沿。

(4) 将单次脉冲改为 1Hz 的连续脉冲，观察 $Q_0 \sim Q_3$ 的状态。

(5) 将 1 Hz 的连续脉冲改为 1 kHz 的连续脉冲，用双踪示波器观察 CLK、$Q_3 \sim Q_0$ 端波形，对波形进行描绘。

4.3.5 N 进制计数器的仿真及硬件实现

74LS161 是模 16 计数器，而 74LS160、74LS290 和 74LS192 则是模 10 计数器，若需要任意进制（N 进制），则必须对中规模集成计数器进行修改，以达到设计目的。反馈置数法是常见的设计方法，它是将反馈逻辑电路产生的信号送到计数电路的置位端，在满足条件时，计数电路输出状态为给定的二进制码。反馈置数法是通过反馈产生置数信号，使集成计数器的置数端"~LOAD"为 0，将预置数 ABCD 预置到输出端 QAQBQCQD。

1. 74LS161 构成同步九进制计数器的 EDA 仿真

图 4.46 所示是由 74LS161N 构成同步九进制计数器在 Multisim 软件中的仿真电路。74LS161N 是同步置数的，需 CLK 和~LOAD 都有效才能置数，因此~LOAD 应先于 CLK 出

现,所以 $M-1$ 个 CP 后就应产生有效~LOAD 信号。若用 4 位二进制数前 9 个数作为计数状态,预置数 DCBA=0000,应在 QDQCQBQA=1000 时预置端变为低电平,故~LOAD=QD。

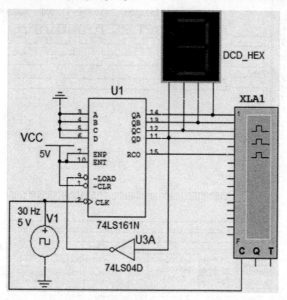

图 4.46　同步九进制计数器仿真电路 1

开启仿真开关,观察数码管的变化,利用逻辑分析仪观察其仿真时序关系,可知该电路实现了同步九进制计数器计数,计数范围 0~8。图 4.47 是同步九进制计数器在 Multisim11 软件中的仿真时序图。

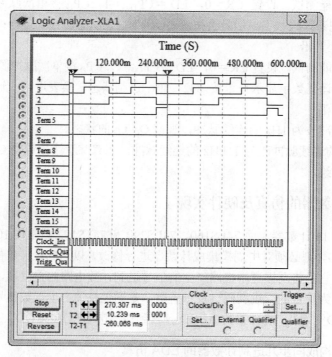

图 4.47　同步九进制计数器仿真时序图 1

图 4.48 所示是 74LS161N 利用反馈置数法实现同步九进制计数器的另外一种方法在

Multisim11 软件中的仿真电路，图中预置数 DCBA=0001，计数器应在 QDQCQBQA=1001 时预置端变为低电平，故 ~LOAD=$\overline{QAQD}$。

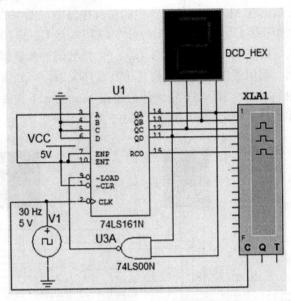

图 4.48 同步九进制计数器 EDA 仿真电路 2

开启仿真开关，观察数码管的变化，利用逻辑分析仪观察其仿真时序关系，可知该电路也实现了同步九进制计数器计数，计数范围为 1~9。图 4.49 是该计数器在 Multisim11 软件中的仿真时序图。

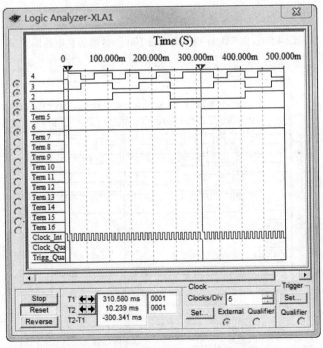

图 4.49 同步九进制计数器仿真时序图 2

2. 74LS192 构成模 100 计数器的 EDA 仿真

74LS192 是同步十进制可逆计数器,要构成模 100 计数器需要两片 74LS192,图 4.50 是 74LS192 构成模 100 计数器在 Multisim11 软件中的仿真电路图,图中的 74LS192N 是按加法计数连接的,因此时钟信号接 U1 的 UP 端,U1 的"~CO"端接 U2 的 UP 端,两个 74LS192N 的清零端接地,使输入端接高电平,输出端 $Q_A Q_B Q_C Q_D$ 接数码管和逻辑分析仪。启动仿真开关,观察数码管的变化,利用逻辑分析仪观察其仿真时序关系,可知该电路也实现了模 100 计数器计数,计数范围为 0~99。图 4.51 是该计数器在 Multisim11 软件中的仿真时序图,图中的游标所在位置是计数器从状态 99 转换到状态 0 的时刻。

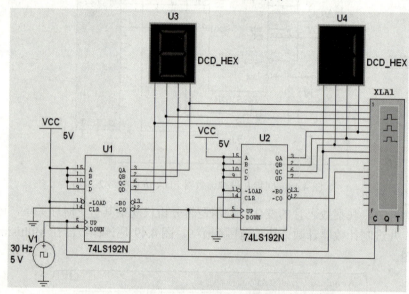

图 4.50　由 74LS192N 构成模 100 计数器仿真电路图

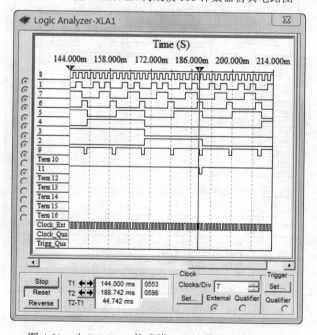

图 4.51　由 74LS192 构成模 100 计数器仿真时序图

3. 由 74LS161 实现 7∶1 计数器的 EDA 仿真

7∶1 计数器是指计数器在输出的一个周期波形中高电平与低电平之比是 7∶1。图 4.52 所示是由 74LS161 和 74LS85 实现 7∶1 计数器的仿真电路。图中用 74LS161N 实现模 8 计数器，计数范围为 1~8。利用比较器 74LS85N 和或门 74LS32N 完成 74LS161N 输出 $Q_DQ_CQ_BQ_A$ 与 0111 的大小比较，当输出 $Q_DQ_CQ_BQ_A$ 大于 7 时，整个电路输出是低电平 7∶1 计数器，当 74LS161N 输出其他状态时整个电路输出是高电平，实现了系统 7∶1 的输出。

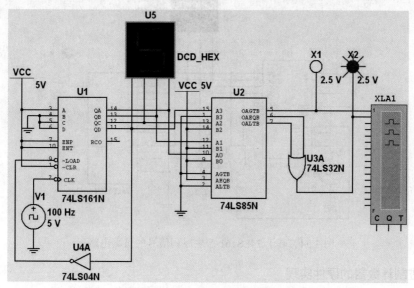

图 4.52 7∶1 计数器 EDA 仿真电路

启动仿真，观察发光二极管的变化，利用逻辑分析仪观察其仿真时序关系，可知该电路实现了模 8 计数器，高低电平比是 7∶1，图 4.53 是该计数器在 Multisim11 软件中的仿真时序图，图中的逻辑分析仪分别显示 7∶1 计数器的输出和反相输出。

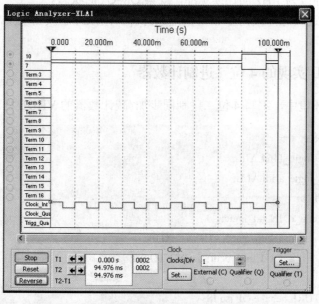

图 4.53 7∶1 计数器 EDA 仿真电路时序图

4．基于 74LS161 的序列信号发生器的 EDA 仿真

序列信号发生器是指产生周期性信号的电路，图 4.54 所示是基于 74LS161 的序列信号发生器在 Multisim11 软件中的仿真电路。图中用 74LS161 实现模 6 计数器，计数范围 0~5，利用 8 选 1 数据选择器 74LS151 产生 101101 信号。

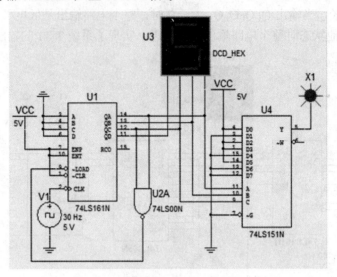

图 4.54 基于 74LS161 产生序列信号的仿真电路

5．N 进制计数器的硬件实现

（1）把图 4.46、图 4.48、图 4.50、图 4.52 和图 4.54 转化成实验连接图，在 CLK 端接单次脉冲源，输出端 Q_D、Q_C、Q_B、Q_A 接数码管。

（2）观察并记录数码管的显示结果，给出电路的状态转换图。根据要求记录实验数据并画出其波形图，检查其是否符合要求。

（3）将单次脉冲改为 1 Hz 的连续脉冲，观察 Q_D~Q_A 的状态。

（4）将 1 Hz 的连续脉冲改为 1 kHz 的连续脉冲，用双踪示波器观察 CLK、Q_D~Q_A 端的波形。

4.3.6 基于 VHDL 实现的 4 位二进制计数器

在可编程开发环境中，编写 4 位二进制同步加/减计数器的 VHDL 程序如下：

```
LIBRARY ieee;
USE ieee.std_logic_1164.ALL;
USE ieee.std_logic_arith.ALL;
ENTITY jsq IS
PORT( cp,ld,ct,u_d: IN std_logic;
            d: IN unsigned(3 DOWNTO 0);
            q: OUT unsigned(3 DOWNTO 0));
END jsq;
ARCHITECTURE behave OF jsq IS
SIGNAL iq :unsigned(3 DOWNTO 0);
```

```
BEGIN
    PROCESS(cp,ld,ct,u_d,iq)
    BEGIN
        IF (ld='0')THEN iq<=d;
            ELSIF (cp'EVENT AND cp='1')THEN
                IF(ct='0' AND u_d='0') THEN    iq<=iq+1;
                    ELSIF(ct='0' AND u_d='1') THEN    iq<=iq-1;
                    ELSE    iq<=iq;
                END IF;
        END IF;
            q<=iq;
    END PROCESS;
END behave ;
```

根据可编程器件的开发步骤,在完成输入、编辑、仿真和下载后,实际测试即可。图 4.55 是该程序在 Quartus II 环境中的逻辑仿真图。

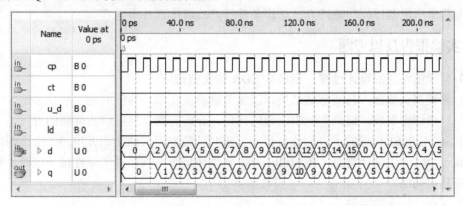

图 4.55 在 Quartus II 环境中 4 位二进制同步加/减计数器的逻辑仿真图

由图 4.55 可知,该 VHDL 程序实现了 4 位二进制同步加/减计数器的功能。

4.3.7 计数器常见故障分析及诊断

除了电源问题、连线和器件本身等和门电路类似的问题外,计数器的常见故障有计数不正常和进位不正常等故障,其中计数不正常又分为不计数或计数未达到预期要求两种情况。

为了保证计数器正常工作,首先应按照原理图检查电路连接是否正确,器件的型号、引脚排列顺序是否与原理图一致,电源和地是否正确。再检查时钟信号是否符合 TTL 电平要求且直接加到集成计数器芯片的时钟端和芯片置位端、复位端是否按功能表连接,以排除计数器无反应的故障。

若计数器不计数,有可能是组成计数器的触发器驱动条件不满足,或者是各触发器的复位端被置成复位状态,也可能是计数的时钟脉冲信号没有加到触发器的 CP 端等。这时应检查触发器复位端的电平情况是否正常,如不正常,则检查连接线连接情况、开关接触是否良好等。检查计数脉冲是否顺利送到各触发器的 CP 端。如果没有,先断开 CP 端的外接线,单独测量外来的 CP 信号正常与否,CP 信号不正常,则检查外电路;CP 信号正常,则检查 CP

信号输出端与触发器 CP 端之间的连接线。

根据电路的驱动方程，逐一检测各触发器的输入状态，如计数电路由 JK 触发器（D 触发器）组成，则分别用万用表测量各触发器 J 端与 K 端（D 触发器的 D 端）的输入状态，如果各触发器的输入状态与预期输入状态不一致，则检查与这些输入端相连的其他部分，会不会接线有错或连线开路。如果也没问题，可能是个别触发器损坏了。

若计数器的计数未达到预期要求，很可能是由于后面某一级的触发器输入状态信号不正确，也有可能是该级没有接到前级送来的状态信号，或者该级触发器被永久复位、CP 信号没能加入等原因造成。这时应测量该触发器的 CP 端有没有时钟信号；测量该触发器复位端电平情况，判断是否正常；检查该级输入端即触发器的 J 端与 K 端（D 触发器的 D 端）的外接线路正确与否。

计数器不计数或计数未达到预期要求这两种故障现象会导致进位不正常的故障，另外输出部分的门电路有故障也会引起进位不正常的故障。当整个计数过程都正常，但没有进位脉冲产生时，应检查门电路部分（包括接线、器件等）。特别要注意后级电路的故障，如器件损坏引起本级的输出端被钳制的可能。

在实际工作中应该根据具体的故障现象具体分析，方法不是一成不变的，只要熟悉电路原理及电路里所用器件的功能特点、动作条件等，故障排查并不困难。

4.3.8 实验报告及思考题

（1）整理电路图的设计过程，记录其 EDA 仿真结论。
（2）整理测试数据，总结测试结果。记录关键调试技术，关键问题的解决方法。
（3）总结注意事项，记录实验中出现的问题，分析问题，给出解决问题的方法。
（4）将 74LS161 构成的十进制计数器和六进制计数器形成两个单元电路，由这两个单元电路构成一个六十进制计数器，在 Multisim11 软件环境下仿真，并实际连接该电路，测试功能，验证其正确性。
（5）试设计一个数字钟。
（6）试设计一个简易数字频率计。

第5章 混合电路

混合电路是数字电路不可缺少的内容，本章简述脉冲产生与整形电路、模/数与数/模转换电路和半导体存储器三个典型实验的基础知识，给出它们的 EDA 仿真，并对电路实际测试提出指导。

5.1 脉冲产生与整形电路

5.1.1 实验目的与要求

（1）掌握使用集成门电路构成的脉冲单元电路的基本方法和电路特点。
（2）掌握 555 定时器的工作原理及典型应用。
（3）学习石英晶体稳频原理和使用石英晶体构成振荡器的方法。
（4）熟悉集成单稳态触发器、集成施密特触发器的逻辑功能及其使用方法。
（5）熟悉 555 电路常见故障判断方法。
（6）了解用 VHDL 实现触发器的方法。

5.1.2 基础知识

在数字电路或数字系统中需要各种脉冲波形，如时钟脉冲、控制过程中的定时信号等。可采用脉冲信号产生电路或通过整形电路，对已有的信号进行整形来获得需要的脉冲波形，以满足实际系统的需要。

通常矩形脉冲信号的产生有两种途径：一是利用多谐振荡器直接产生，二是对周期信号整形后产生。典型的整形电路有两类——施密特触发器和单稳态触发器。多谐振荡器有多种形式，不管是整形电路还是产生电路，均可用门电路或 555 集成电路构成。

1. 集成 555 定时器电路

集成 555 定时器，在电路结构上是由模拟电路和数字电路组合而成的，外加电阻、电容可以组成多谐振荡器、单稳态电路、施密特触发器等，应用十分广泛。其电路类型有双极型和 CMOS 型两大类，二者的结构与工作原理类似。几乎所有的双极型产品型号最后的三位数都是 555 或 556，所有的 CMOS 产品型号最后四位数都是 7555 或 7556，二者的逻辑功能和引脚排列完全相同，易于互换。555 和 7555 是单定时器，556 和 7556 是双定时器。双极型 555 的电源电压 V_{CC}=+5~+15 V，输出的最大电流可达 200 mA，CMOS 型 555 的电源电压为+3~+18 V。

555 电路的电路框图及引脚排列如图 5.1 所示。它含有两个电压比较器，一个基本 RS 触发器，一个放电开关管 T，比较器的参考电压由三只 5 kΩ电阻器构成的分压器提供。它们分别使高电平比较器 A_1 的同相输入端和低电平比较器 A_2 的反相输入端的参考电平为(2/3)V_{CC} 和(1/3)V_{CC}。A_1 与 A_2 的输出端控制 RS 触发器的状态和放电管开关状态。当输入信号自 6 脚（即高电平触发）输入并超过参考电平(2/3)V_{CC} 时，触发器复位，555 的输出端 3 脚输出低电平，同时放电开关管导通；当输入信号自 2 脚输入并低于(1/3)V_{CC}时，触发器置位，555 的 3 脚输出高电平，同时放电开关管截止。

$\overline{R}_D$是复位端（4 脚），当$\overline{R}_D=0$，555 输出低电平。平时$\overline{R}_D$端开路或接 V_{CC}。

V_C是控制电压端（5 脚），平时输出$(2/3)V_{CC}$作为比较器 A_1 的参考电平，当 5 脚外接一个输入电压，即改变了比较器的参考电平，从而实现对输出的另一种控制，在不接外加电压时，通常接一个 0.01 μF 的电容器到地，起滤波作用，以消除外来的干扰，确保参考电平的稳定。

T 为放电管，当 T 导通时，将给接于引脚 7 的电容器提供低阻放电通路。

555 定时器主要是与电阻、电容构成充放电电路，并由两个比较器来检测电容器上的电压，以确定输出电平的高低和放电开关管的通断。这就很方便地构成从微秒到数十分钟的延时电路，可以方便地构成单稳态触发器、多谐振荡器、施密特触发器等脉冲产生或波形变换电路。

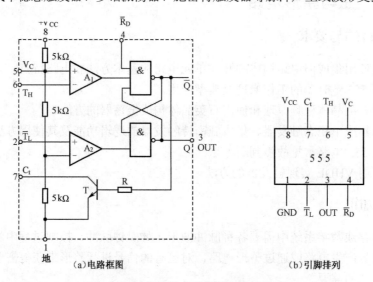

图 5.1 555 定时器电路框图及引脚排列

2. 施密特触发器

施密特触发器是一种常用的脉冲波形整形电路。它可以将边沿变化缓慢的输入信号（正弦波、三角波、锯齿波等）整形为良好的矩形波，其主要特点是：

➢ 有两个稳态，它是一种特殊的双稳态时序电路；
➢ 属于电平触发型，即依靠输入信号的电压幅值触发和维持电路状态。

施密特触发器可由门电路、专用集成电路和定时器 555 构成。

施密特触发器应用十分广泛，常用于脉冲整形与变换、脉冲幅度鉴别和脉冲展宽等。

1）用与非门组成施密特触发器

图 5.2 所示是两种典型的施密特触发器电路。在图 5.2（a）中，门 G_1、G_2 是基本 RS 触发器，门 G_3 是反相器，二极管 D 起电平偏移作用，以产生回差电压。其工作情况如下：设$V_i=0$，G_3 截止，R=1、S=0，Q=1，$\overline{Q}=0$，电路处于原态。V_i 由 0V 上升到电路的接通电位 V_T 时，G_3 导通，R=0，S=1，触发器翻转为 Q=0，$\overline{Q}=1$ 的新状态。此后 V_i 继续上升，电路状态不变。在 V_i 由最大值下降到 V_T 值的时间内，R 仍等于 0，S=1，电路状态也不变。当$V_i \leqslant V_T$时，G_3 由导通变为截止，而 $V_S=V_T+V_D$ 为高电平，因而 R=1，S=1，触发器状态仍保持。只有 V_i 降至使 $V_S=V_T$ 时，电路才翻回到 Q=1，$\overline{Q}=0$ 的原态。电路的回差 $\Delta V=V_D$。

图 5.2（a）的施密特触发器可以对三角波信号进行整形，输出矩形波。

图 5.2（b）是由电阻 R_1、R_2 产生回差的电路。

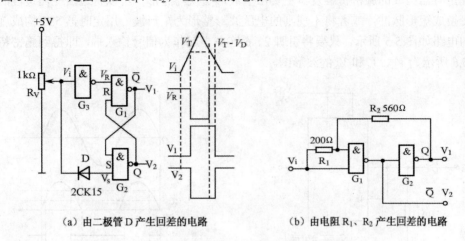

（a）由二极管 D 产生回差的电路　　　（b）由电阻 R_1、R_2 产生回差的电路

图 5.2　与非门组成的施密特触发器电路

2）集成施密特触发器

图 5.3 所示为集成六施密特触发器 CC40106 的引脚排列，它可用于波形的整形，也可用作反相器或构成单稳态触发器和多谐振荡器。

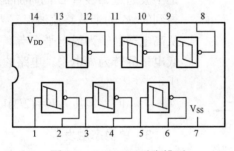

图 5.3　CC40106 引脚排列

图 5.4（a）所示是应用 CC40106 将正弦波转换为方波的电路，其中 R_2、C 构成输入端微分隔直电路。图 5.4（b）是其波形转换示意图。

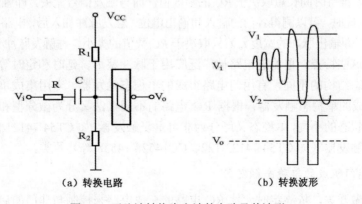

（a）转换电路　　　　　　（b）转换波形

图 5.4　正弦波转换为方波的电路及其波形

3）用定时器 555 构成施密特触发器

555 定时器构成的施密特触发器主要用于波形变换与整形，可以将边沿变化缓慢的周期性信号变换成矩形脉冲，或者将不规则的电压波形整形为矩形波。用定时器 555 构成施密特触发器的电路如图 5.5 所示，只要将引脚 2、6 连在一起作为信号输入端，即得到施密特触发器。图 5.6 所示为 V_S、V_i 和 V_o 的波形图。

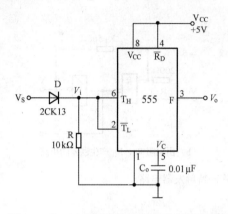

图 5.5 由 555 定时器构成的施密特触发器

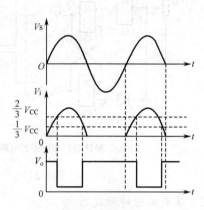

图 5.6 波形图

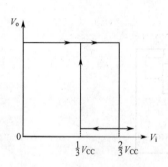

图 5.7 电压传输特性曲线

其工作原理为：设被整形变换的电压为正弦波 V_S，其正半波通过二极管 D 同时加到 555 定时器的 2 脚和 6 脚，得到的 V_i 为半波整流波形。当 V_i 上升到 $(2/3)V_{CC}$ 时，V_o 从高电平翻转为低电平；当 V_i 下降到 $(1/3)V_{CC}$ 时，V_o 又从低电平翻转为高电平。电路的电压传输特性曲线如图 5.7 所示。

回差电压 $\Delta V = (2/3)V_{CC} - (1/3)V_{CC} = (1/3)V_{CC}$

3．单稳态触发器

单稳态触发器是一种波形变换电路，其主要特点是：

（1）只有一个稳态。

（2）可在外加触发信号作用下暂时离开稳态形成一个暂稳态。

（3）暂稳态维持时间长短取决于 RC 的参数值，而与触发信号无关。即触发脉冲未加入前，电路处于稳态。此时，可以测得各门的输入和输出电位。触发脉冲加入后，电路立刻进入暂稳态，暂稳态的时间（即输出脉冲的宽度 t_w）只取决于 RC 数值的大小，与触发脉冲无关。

由于具有这些特点，单稳态电路被广泛应用于脉冲整形、延时和定时等。

根据单稳态结构的不同，有用门电路组成的单稳态触发器、专用集成单稳态触发器和用 555 定时器构成的单稳态触发器；根据 RC 电路的不同接法又分为微分型和积分型两类；根据电路及工作状态的不同，单稳态又可分为非可重复触发器（如 CT54/74121/221、CC74HC121 等）和可重复触发器（如 CT54/74123/122、CC14528/14538 等）两类。

1）用与非门组成的单稳态触发器

用与非门做开关，依靠定时元件 RC 电路的充放电路来控制与非门的启闭。单稳态电路有微分型与积分型两大类，这两类触发器对触发脉冲的极性与宽度有不同的要求。

微分型单稳态触发器如图 5.8 所示，该电路为负脉冲触发。其中 R_P、C_P 构成输入端微分隔直电路。R、C 构成微分型定时电路，定时元件 R、C 的取值不同，输出脉宽 t_w 也不同。$t_w \approx (0.7 \sim 1.3)RC$。与非门 G_3 起整形、倒相作用。

图 5.9 为微分型单稳态触发器各点波形图。

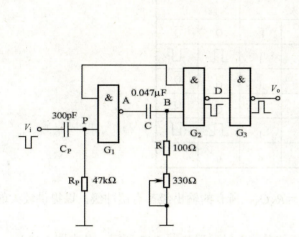

图 5.8 微分型单稳态触发器

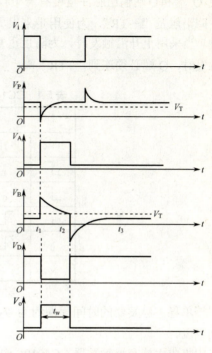

图 5.9 微分型单稳态触发器波形图

积分型单稳态触发器如图 5.10 所示。

电路采用正脉冲触发，工作波形如图 5.11 所示。电路的稳定条件是 $R \leqslant 1\text{ k}\Omega$，输出脉冲宽度 $t_w \approx 1.1RC$。

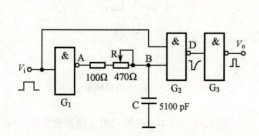

图 5.10 积分型单稳态触发器

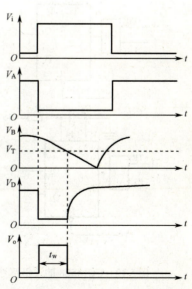

图 5.11 积分型单稳态触发器波形图

2）专用集成单稳态触发器

图 5.12 所示为集成双单稳态触发器 CC14528（CC4098）的逻辑符号，表 5.1 是其逻辑功能表。该器件能提供稳定的单脉冲，脉宽由外部电阻 R_X 和外部电容 C_X 决定，调整 R_X 和 C_X 可使 Q 端和 $\overline{Q}$ 端输出脉冲宽度有一个较宽的范围。本器件可采用上升沿触发"+TR"，也可用下降沿触发"−TR"，为使用带来很大的方便。在正常工作时，电路应由每一个新脉冲去触发。当采用上升沿触发时，为防止重复触发，$\overline{Q}$ 必须连到"−TR"端。同样，在使用下降沿触发时，Q 端必须连到"+TR"端。

表 5.1 CC14528（CC4098）逻辑功能

输	入		输	出
+TR	−TR	$\overline{R}$	Q	$\overline{Q}$
⌐	1	1	⊓	⊔
⌐	0	1	Q	$\overline{Q}$
1	⌐	1	Q	$\overline{Q}$
0	⌐	1	⊓	⊔
×	×	0	0	1

该单稳态触发器的时间周期约为 $T_X = R_X C_X$，所有的输出级都有缓冲级，以提供较大的驱动电流。

由集成六施密特触发器 CC40106 构成的单稳态触发器如图 5.13 所示，其中图 5.13（a）为下降沿触发，图 5.13（b）为上升沿触发。

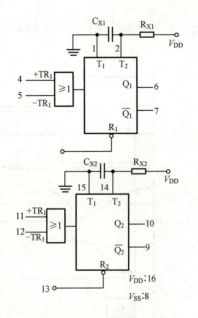

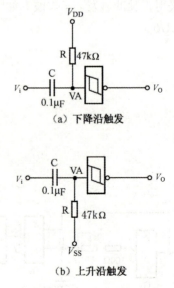

图 5.12 CC14528 的逻辑符号　　图 5.13 CC40106 构成的单稳态触发器

3）用 555 定时器构成单稳态触发器

图 5.14 所示为由 555 定时器和外接定时元件 R、C 构成的单稳态触发器。触发电路由 C_1、R_1、D 构成，其中 D 为钳位二极管，稳态时 555 电路输入端处于电源电平，内部放电开关管 T 导通，输出端 F 输出低电平，当有一个外部负脉冲触发信号经 C_1 加到 2 端，使 2 端电位瞬间低于 $(1/3)V_{CC}$，低电平比较器动作，单稳态电路即开始一个暂态过程，电容 C 开始充电，V_C 按指数规律增长。当 V_C 充电到 $(2/3)V_{CC}$ 时，高电平比较器动作，比较器 A_1 翻转，输出 V_o 从高电平返回低电平，放电开关管 T 重新导通，电容 C 上的电荷很快经放电开关管放电，暂态结束，恢复稳态，为下一个触发脉冲的来到做好准备，其波形如图 5.15 所示。

暂稳态的持续时间 t_w（即延时时间）决定于外接元件 R、C 值的大小：

$$t_w = 1.1RC$$

通过改变 R、C 的大小，可使延时时间在几个微秒到几十分钟之间变化。当这种单稳态电路用作计时器时，可直接驱动小型继电器，并可以使用复位端（4 脚）接地的方法来中止暂态，重新计时。注意要用一个续流二极管与继电器线圈并接，以防止继电器线圈反电压损坏内部功率管。

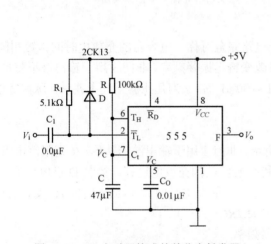

图 5.14 555 定时器构成的单稳态触发器

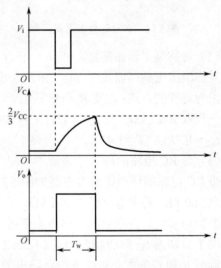

图 5.15 555 定时时器构成的单稳态触发器波形

4．多谐振荡器

多谐振荡器是一种能产生周期性矩形波信号的脉冲电路，由于矩形波中含有丰富的高次谐波分量，所以习惯上又将矩形波振荡器称为多谐振荡器。

多谐振荡器有两个暂稳态，无稳定状态，暂稳态的状态转换一般取决于 RC 充放电的电平变化（晶体振荡器例外）。

多谐振荡器可用集成 TTL/COMS 门电路加 RC 电路组成，采用集成施密特触发器或 555 定时器构成多谐振荡器更方便，对频率稳定度要求较高的场合，常使用晶体构成的多谐振荡器，而对于重复频率随时改变的场合采用压控振荡器更方便。

1）与非门构成的自激多谐振荡器

与非门作为一个开关倒相器件，可用于构成各种脉冲波形产生电路。电路的基本工作原理是利用电容器的充放电，当输入电压达到与非门的阈值电压 V_T 时，门的输出状态即发生变化。因此，电路输出的脉冲波形参数直接取决于电路中阻容元件的数值。

（1）非对称型多谐振荡器。

非对称型多谐振荡器如图 5.16 所示，其中非门 3 用于输出波形整形。

非对称型多谐振荡器的输出波形是不对称的，当用 TTL 与非门组成时，输出脉冲宽度

$$t_{w1}=RC，t_{w2}=1.2RC，T=2.2RC$$

调节 R 和 C 的值，可改变输出信号的振荡频率，通常改变电容 C 的值实现输出频率的粗调，改变电位器 R 的值实现输出频率的细调。

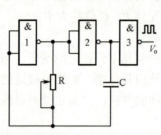

图 5.16　非对称型多谐振荡器　　　　图 5.17　对称型多谐振荡器

（2）对称型多谐振荡器。

对称型多谐振荡器如图 5.17 所示，由于电路完全对称，电容器的充放电时间常数相同，故输出为对称的方波。改变 R 和 C 的值，可以改变输出振荡频率，非门 3 用于输出波形整形。

一般取 $R \leqslant 1$ kΩ，当 $R=1$ kΩ，$C=100$ pF～100 μF 时，f 为几兆赫至几十兆赫，脉冲宽度 $t_{w1}=t_{w2}=0.7RC$，$T=1.4RC$。

（3）带 RC 电路的环形振荡器。

带 RC 电路的环形振荡器电路如图 5.18 所示，非门 4 用于输出波形整形，R 为限流电阻，一般取 100 Ω，要求电位器 $R_w \leqslant 1$ kΩ，电路利用电容 C 的充放电过程，控制 D 点电压 V_D，从而控制与非门的自动启闭，形成多谐振荡，电容 C 的充电时间 t_{w1}、放电时间 t_{w2} 和总的振荡周期 T 分别为 $t_{w1} \approx 0.94RC$，$t_{w2} \approx 1.26RC$，$T \approx 2.2RC$。

调节 R 和 C 的大小可改变电路输出的振荡频率。

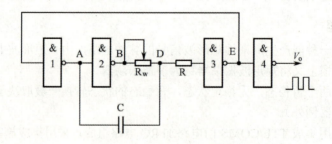

图 5.18　带有 RC 电路的环形振荡器

以上这些电路的状态转换都发生在与非门输入电平达到门的阈值电平 V_T 的时刻。在 V_T 附近电容器的充放电速度已经缓慢，而且 V_T 本身也不够稳定，易受温度、电源电压变化及干扰等因素的影响，因此，电路输出频率的稳定性较差。

（4）石英晶体稳频的多谐振荡器。

当要求多谐振荡器的工作频率稳定性很高时，上述几种多谐振荡器的精度已不能满足要求，为此常用石英晶体作为信号频率的基准。用石英晶体与门电路构成的多谐振荡器常用来为微型计算机等提供时钟信号。

图 5.19 所示常用的晶体稳频多谐振荡器。图 5.19（a）、图 5.19(b)为 TTL 器件组成的晶体振荡电路，图 5.19（c）、图 5.19（d）为 CMOS 器件组成的晶体振荡电路，一般用于电子表中，其中晶体的 f_0=32 768 Hz。图 5.19（c）中，门 1 用于振荡，门 2 用于缓冲整形。R_f 是反馈电阻，通常在几十兆欧之间选取，一般选 22 MΩ。R 起稳定振荡作用，通常取十至几百千欧。C_1 是频率微调电容器，C_2 用于温度特性校正。

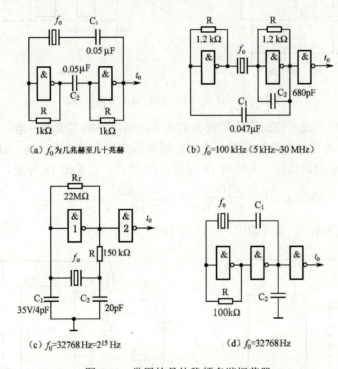

图 5.19　常用的晶体稳频多谐振荡器

2）用施密特触发器构成的多谐振荡器

用施密特触发器构成的多谐振荡器如图 5.20 所示。

3）用 555 定时器构成的多谐振荡器

（1）用 555 定时器构成的多谐振荡器如图 5.21（a）所示，它由 555 定时器外接元件 R_1、R_2 和 C 构成多谐振荡器，脚 2 与脚 6 直接相连。电路没有

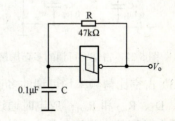

图 5.20　用施密特触发器构成的多谐振荡器

稳态，仅存在两个暂稳态，电路也不需要外加触发信号，利用电源通过 R_1、R_2 向 C 充电，并由 C 通过 R_2 向放电端 C_t 放电，使电路产生振荡。电容 C 在 $(1/3)V_{CC}$ 和 $(2/3)V_{CC}$ 之间充电和放电，其波形如图 5.21（b）所示。输出信号的时间参数是：

$$T=t_{w1}+t_{w2},\quad t_{w1}=0.7(R_1+R_2)C,\quad t_{w2}=0.7R_2C$$

555 电路要求 R_1 与 R_2 均应大于或等于 $1\,\text{k}\Omega$,但 R_1+R_2 应小于或等于 $3.3\,\text{M}\Omega$。

外部元件的稳定性决定了多谐振荡器的稳定性,555 定时器配以少量的元件,即可获得较高精度的振荡频率和较强的功率输出。因此这种形式的多谐振荡器应用很广。

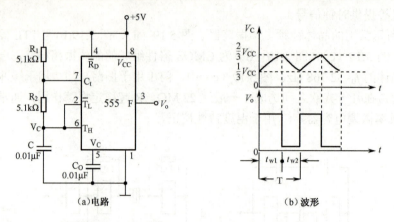

图 5.21　用 555 定时器电路构成的多谐振荡器

(2) 用 555 还可组成占空比连续可调并能调节振荡频率的多谐振荡器,其电路如图 5.22 所示。它比图 5.21 所示的电路增加了一个电位器和两个导引二极管。D_1、D_2 用来决定电容充、放电电流流经电阻的途径(充电时 D_1 导通,D_2 截止;放电时 D_2 导通,D_1 截止)。

$$\text{占空比}\quad P = \frac{t_{w1}}{t_{w1}+t_{w2}} \approx \frac{0.7 R_A C}{0.7 C(R_A+R_B)} = \frac{R_A}{R_A+R_B}$$

可见,若取 $R_A=R_B$,即可输出占空比为 50% 的方波信号。

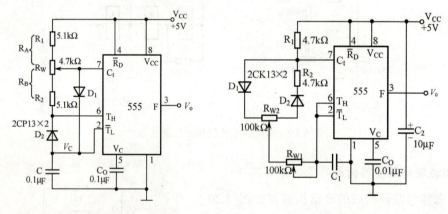

图 5.22　占空比可调的多谐振荡器　　　图 5.23　占空比与频率均可调的多谐振荡器

(3) 占空比与频率均可调的多谐振荡器电路如图 5.23 所示。对 C_1 充电时,充电电流通过 R_1、D_1、R_{w2} 和 R_{w1};放电时通过 R_{w1}、R_{w2}、D_2、R_2。当 $R_1=R_2$ 且 R_{w2} 调至中心点时,因充放电时间基本相等,其占空比约为 50%,此时调节 R_{w1} 仅改变频率,占空比不变。如 R_{w2} 调至偏离中心点,再调节 R_{w1},不仅振荡频率改变,而且对占空比也有影响。R_{w1} 不变,调节 R_{w2},仅改变占空比,对频率无影响。因此,当接通电源后,应首先调节 R_{w1} 使频率至规定值,再调节 R_{w2},以获得需要的占空比。若频率调节的范围比较大,还可以用波段开关改变 C_1 的值。

5.1.3 脉冲产生与整形电路的 EDA 仿真

555 定时器是一种多用途单片集成电路，可以方便地构成施密特触发器、单稳态触发器和多谐振荡器，使用灵活方便，应用十分广泛。555 定时器电路的电源电压为 5~16 V，当使用 5V 电源时，输出电压可与数字逻辑电路相配合。

1．用 555 定时器构成施密特触发器

在 Multisim 软件中，按照图 5.5 所示的电路，从混合器件库中调 555 定时器，从基本库中调节 V_{CC}、GND、电容及信号源等，连线搭建施密特触发器（双稳态触发器）仿真电路，如图 5.24 所示。

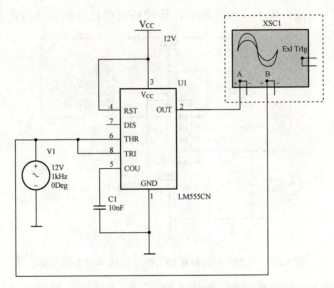

图 5.24　用 555 定时器构成施密特触发器的仿真电路

用示波器观察电路的输入和输出的波形，如图 5.25 所示。示波器的 B 通道接输入波形，上移 1.4 格，在显示屏上方。示波器的 A 通道接输出波形，下移 2 格，在显示屏下方。

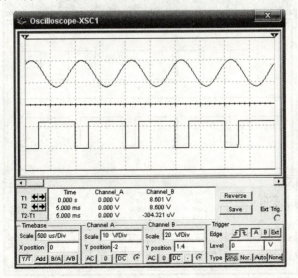

图 5.25　施密特触发电路的输入和输出波形

从仿真结果可知,555 定时器构成的施密特触发器将边沿变化缓慢的正弦周期信号变换成矩形脉冲波。

2. 用 555 定时器构成单稳态触发器

利用 555 定时器构成单稳态触发器有两种方法:一种是通过调用元件库中的 555 模块和相关器件,组成单稳态触发器;另一种方法是利用 Multisim 提供的 555 Timer Wizard 直接生成单稳态触发器。

1)用 555 定时器和相关器件构成单稳态触发器

在 Multisim 软件中,按照图 5.26 所示的电路,从混合器件库中调 555 定时器,从基本库中调节 V_{CC}、GND、电阻、电容及脉冲源等,连线搭建单稳态触发器仿真电路。

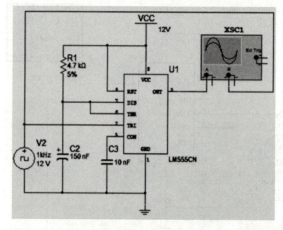

图 5.26 用 555 定时器和相关器件构成单稳态触发器

用示波器观察输入与输出的波形,如图 5.27 所示。其中示波器的 B 通道接输入波形,上移 0.8 格,显示在屏幕上方。示波器的 A 通道接输出波形,下移 2 格,显示在屏幕下方。改变 R 或 C 的大小,观察单稳态触发器输入与输出波形的变化情况。

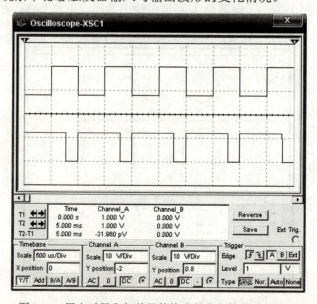

图 5.27 用定时器和相关器件构成单稳态触发器的波形

从仿真结果可知，在外加负载脉冲出现之前，输出电压一直处于低电位。在 $t=N$ 时，输入的负脉冲加入后，输出电压突跳到高电位。输出电压处于高电位的时间间隔 t_H（暂稳态时间）决定于外部连接的电阻-电容网络，与输入电压无关。

2）用 555 Timer Wizard 直接生成单稳态触发器

单击 Multisim 仿真软件用户界面 Tools 菜单下的"555 Timer Wizard"命令，弹出如图 5.28 所示的对话框。从 Type 栏中的选项列表可以知道 555 定时器电路有两种工作方式：无稳态（自激振荡）工作方式（Astable Operation）和单稳态工作方式（Monostable Operation）。

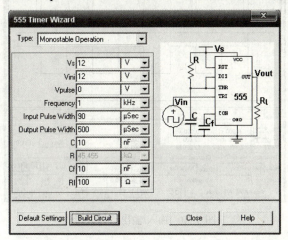

图 5.28　单稳态工作方式设置界面

当选择单稳态工作方式时，其参数设置栏的各项的含义为：Vs 是电压源；Vini 是输入信号高电平电压；Vpulse 是输入信号低电平电压；Frequency 是输出频率；Input Pulse Width 是输入脉冲宽度；Output Pulse Width 是输出脉冲宽度；R、C 指决定电路输出频率的电容值和电阻值，其中当输出频率和电容值确定后，电阻不可更改；C_f：滤波电容值；R_L：负载电阻值。

各项参数设置完后，单击"Build Circuit"按钮，即可生成单稳态定时电路，然后在电路设计窗口选定地方单击左键，即可放置电路，如图 5.29 所示。

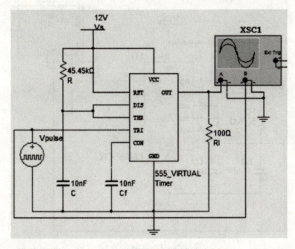

图 5.29　单稳态工作方式电路

用示波器观察电路的输入/输出信号,如图 5.30 所示。示波器的 B 通道接输入波形,上移 0.6 格,在显示屏上方。示波器的 A 通道接输出波形,下移 1.8 格,在显示屏下方。可测得输出脉冲的宽度 t_w = 0.502 ms。而理论计算输出脉冲的宽度 $t_w = RC\ln V_{CC}/(V_{CC}-2V_{CC}/3)$ = 1.1RC=0.5 ms。仿真结果与理论一致。通过改变 R 和 C 的值,可以改变输出脉冲的宽度。

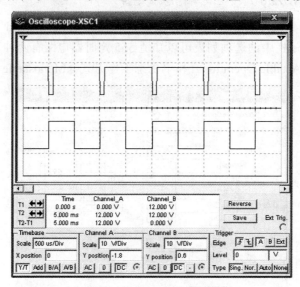

图 5.30　输入/输出信号波形

3. 用 555 定时器构成多谐振荡器

用 555 定时器构成多谐振荡器有两种方法:一种是通过调用元件库中的 555 模块和相关器件,组成多谐振荡器;另一种方法是利用 Multisim 提供的 555 Timer Wizard 直接生成多谐振荡器。

1)用 555 定时器和相关器件组成多谐振荡器

电路连接与用 555 定时器和相关器件构成的单稳态触发器类似,用 555 定时器和相关器件组成的多谐振荡器如图 5.31 所示。

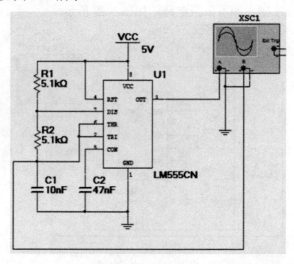

图 5.31　用 555 定时器和相关器件组成的多谐振荡器

用示波器观察多谐振荡器的输出波形，如图 5.32 所示。其中示波器的 B 通道接定时元件 C 的波形，上移 0.4 格，在显示屏上方。示波器的 A 通道接输出波形，下移 1.6 格，在显示屏下方。改变 R 或 C 的大小，观察多谐振荡器输出信号波形的变化情况。

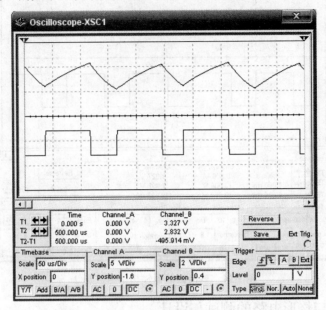

图 5.32 多谐振荡器输出信号波形 1

2）用 555 Timer Wizard 直接生成多谐振荡器

与用 555 Timer Wizard 直接生成单稳态触发器类似，依次选择 Tools→Circuit Wizards→555 Timer Wizards 命令，即可启动定时器使用向导，从 Type 栏的选项列表中选择无稳态（自激振荡）工作方式（Astable Operation），如图 5.33 所示。

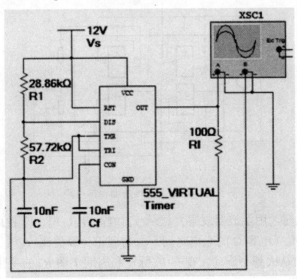

图 5.33 用 555 定时器构成的多谐振荡器

用示波器观测其输出信号波形，如图 5.34 所示。

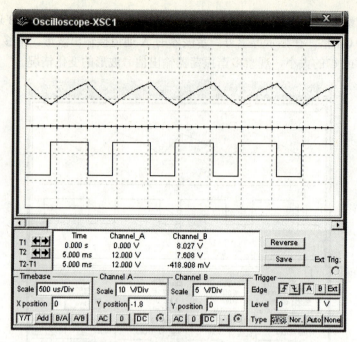

图 5.34 多谐振荡器输出信号波形 2

5.1.4 脉冲产生与整形电路的测试与设计

1. 环形多谐振荡器测试

(1) 按图 5.18 所示电路,用与非门 74LS00 搭建环形多谐振荡器测试电路,如图 5.35 所示。其中定时电阻 R_w 用一个 510 Ω 与一个 1 kΩ 的电位器串联,取 $R=100\ \Omega$,$C=0.1\ \mu F$。

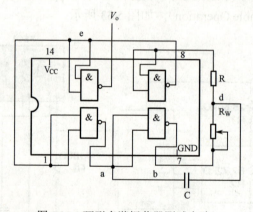

图 5.35 环形多谐振荡器测试电路

(2) R_w 调到最大时,用示波器观察并记录 V_a、V_b、V_d、V_e、V_o 各点电压波形,测出 V_o 的周期 T 和负脉冲宽度(电容 C 的充电时间)并与理论计算值比较。

(3) 将电位器 R_w 从大到小旋动,观察 V_o 脉宽和周期 T 随 R_w 的变化,给出定性的结论。

2. 微分型单稳态触发器测试

(1) 按图 5.8 所示电路,用与非门 74LS00 搭建微分型单稳态触发器测试电路,如图 5.36 所示。

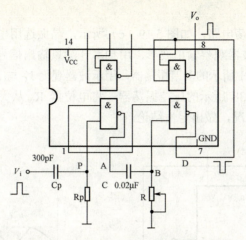

图 5.36 微分型单稳态触发器测试电路

（2）输入 1 kHz 连续脉冲，用示波器观察 V_i、V_P、V_A、V_B、V_D 及 V_o 的波形并记录。

（3）按表 5.2 改变 C 或 R 之值，用示波器分别测出 V_o 的脉宽 t_w，并与理论计算值相比较。

表 5.2 微分型单稳态触发器测试表

	R/Ω	510//510		510	
	$C/\mu F$	0.01	0.02	0.01	0.02
t_w	计算值				
	示波器读数				

3．施密特触发器测试

用 555 定时器构建施密特触发器测试电路，如图 5.37 所示。

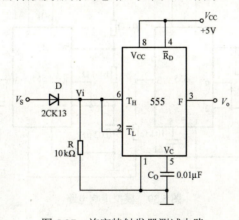

图 5.37 施密特触发器测试电路

被整形变换的电压为正弦波 V_s，由音频信号源提供，V_s 的频率为 1 kHz，用示波器显示并画出 V_s、V_i、V_o 的波形。测绘电压传输特性，算出回差电压 ΔV。

4．脉冲产生与整形电路的设计

1）设计任务

（1）设计一个用与非门组成的自激多谐振荡器，要求工作频率为 10 kHz，通过实验调整元件参数。

(2) 设计一个晶体振荡电路,如图 5.19(c)所示,晶振选用电子表晶振 32 768 Hz,与非门选用 CC4011,用示波器观察输出波形,用频率计测量输出信号频率并记录。

(3) 设计一个如图 5.21 所示的多谐振荡器,用示波器观测 V_C 与 V_o 的波形,测定其频率。

(4) 设计一个如图 5.38 所示的压控振荡器,将电位器 R_W 从大到小旋动,观察 V_5 脉宽 T_1 及周期 T 随 R 的变化情况,做出定性结论。

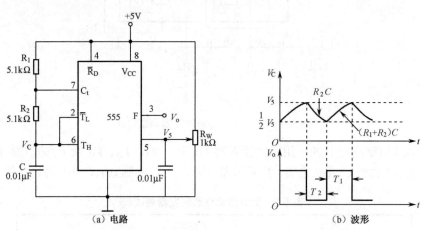

图 5.38 压控振荡器

(5) 设计一个如图 5.39 所示的模拟声响电路,它由两个多谐振荡器组成,调节定时元件,使Ⅰ输出较低频率,Ⅱ输出较高频率,在连好线、接通电源后,试听音响效果。调换外接阻容元件,再试听音响效果。

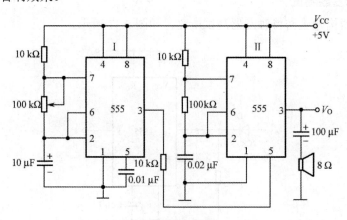

图 5.39 模拟声响电路

2) 设计要求

(1) 根据任务要求设计电路,根据所选器件画出电路图;

(2) 写出实验步骤和测试方法,设计实验记录表格,用方格纸记录波形;

(3) 进行安装、调试及测试,排除实验过程中的故障;

(4) 分析各次实验结果的波形,验证有关的理论。

5.1.5 实验报告及思考题

(1) 写出实验目的、实验中所使用的仪器仪表及器材。
(2) 写出实验电路的设计过程,并画出逻辑电路图。
(3) 记录实验测试结果,并分析实验过程中出现的问题。
(4) 总结单稳态触发器及施密特触发器的特点及其应用。
(5) 举例说明本实验在实际生活中的应用。
(6) 微分型和积分型单稳态触发器电路所允许的最高触发脉冲频率由什么因素决定?
(7) 555 集成定时器构成的单稳态触发器输出脉宽和周期由什么决定?
(8) 555 集成定时器构成的振荡器其振荡周期和占空比的改变与哪些因素有关?若只需改变周期,不改变占空比,应调整哪个元件参数?
(9) 如果要改变图 5.5 电路中回差电压 ΔV 的大小,应调整 555 定时器哪个引脚的接法?电路应如何改接?

5.2 模/数与数/模转换电路

5.2.1 实验目的与要求

(1) 熟悉 D/A 和 A/D 转换器的基本工作原理和基本结构;
(2) 掌握大规模集成 D/A 和 A/D 转换器的功能及其典型应用。

5.2.2 基础知识

数字信号与模拟信号相比,具有抗干扰能力强、存储处理方便等突出优点,因此,随着计算机技术和数字信号处理技术的飞速发展,在通信、测量、自动控制及许多其他领域,将输入到系统的模拟信号转换成数字信号进行处理的情况已经越来越普遍。同时,又常常要求将处理后的数字信号再转换成相应的模拟信号,作为系统的输出。这样,在模拟信号与数字信号之间,或在模拟电路与数字电路之间,需要有一个接口电路——模/数转换器或数/模转换器。

把模拟量转换为数字量,称为模/数转换器(A/D 转换器,简称 ADC);把数字量转换成模拟量,称为数/模转换器(D/A 转换器,简称 DAC)。目前市场上单片集成 ADC 和 DAC 芯片有几百种之多,而且技术指标也越来越先进,可以适应不同应用场合的需要。本实验将采用大规模集成电路 DAC0832 实现 D/A 转换,采用 ADC0809 实现 A/D 转换。

1. D/A 转换器 DAC0832

1) DAC0832 介绍

DAC0832 是采用 CMOS 工艺制成的单片电流输出型 8 位数/模转换器,图 5.40 所示是 DAC0832 的逻辑框图和引脚排列。

器件 DAC0832 的核心部分是采用倒 T 型电阻网络的 8 位 D/A 转换器,如图 5.41 所示。它是由倒 T 型 R-2R 电阻网络、模拟开关、运算放大器和参考电压 V_{REF} 四部分组成。

运放的输出电压为

$$V_o = \frac{V_{REF} R_f}{2^n R}(2^{n-1}D_{n-1} + 2^{n-2}D_{n-2} + \cdots + 2^0 D_0)$$

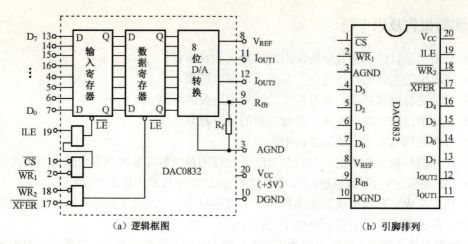

图 5.40 DAC0832 单片 D/A 转换器逻辑框图和引脚排列

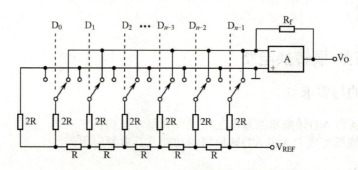

图 5.41 倒 T 型电阻网络 D/A 转换电路

可见，输出电压 V_o 与输入的数字量成正比，这就实现了从数字量到模拟量的转换。

一个 8 位的 D/A 转换器，它有 8 个输入端，每个输入端是 8 位二进制数的一位，有一个模拟输出端，输入可有 $2^8=256$ 个不同的二进制组态，输出为 256 个电压之一，即输出电压不是整个电压范围内的任意值，而只能是 256 个可能值。

2) DAC0832 的引脚功能说明

DAC0832 的引脚功能说明如下所述：

$D_0 \sim D_7$：数字信号输入端；ILE：输入寄存器允许，高电平有效；$\overline{CS}$：片选信号，低电平有效；$\overline{WR_1}$：写信号 1，低电平有效；$\overline{XFER}$：传送控制信号，低电平有效；$\overline{WR_2}$：写信号 2，低电平有效；I_{OUT1}，I_{OUT2}：DAC 电流输出端；R_{fB}：反馈电阻，是集成在片内的外接运放的反馈电阻；V_{REF}：基准电压（−10~+10）V；V_{CC}：电源电压（+5~+15）V；AGND：模拟地；NGND：数字地，可与模拟地接在一起使用。

2. A/D 转换器 ADC0809

1) ADC0809 介绍

ADC0809 是采用 CMOS 工艺制成的单片 8 位 8 通道逐次渐近型模/数转换器，其逻辑框图及引脚排列如图 5.42 所示。ADC0809 的核心部分是 8 位 A/D 转换器，它由比较器、逐次渐近寄存器、D/A 转换器、控制和定时 5 部分组成。

2）ADC0809 的引脚功能说明

ADC0809 的引脚功能如下所述：

$IN_0 \sim IN_7$：8 路模拟信号输入端；A_2、A_1、A_0：地址输入端；ALE：地址锁存允许输入信号，在此引脚施加正脉冲，上升沿有效，此时锁存地址码，从而选通相应的模拟信号通道，以便进行 A/D 转换；START：启动信号输入端，应在此引脚施加正脉冲，当上升沿到达时，内部逐次渐近寄存器复位，在下降沿到达后，开始 A/D 转换过程；EOC：转换结束输出信号（转换结束标志），高电平有效；OE：输入允许信号，高电平有效；CLOCK(CP)：时钟信号输入端，外接时钟频率，一般为 640 kHz；V_{CC}：+5 V 单电源供电；$V_{REF}(+)$、$V_{REF}(-)$：基准电压的正极、负极。一般 $V_{REF}(+)$ 接+5V 电源，$V_{REF}(-)$ 接地。$D_7 \sim D_0$：数字信号输出端。

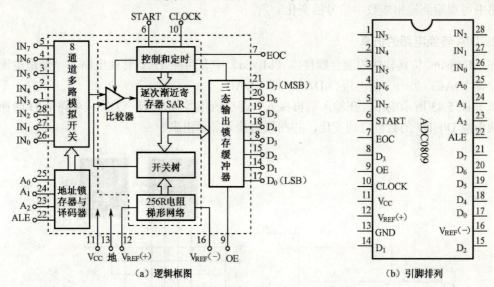

图 5.42　ADC0809 转换器逻辑框图及引脚排列

3）ADC0809 的工作原理

8 路模拟开关由 A_2、A_1、A_0 三个地址输入端选通 8 路模拟信号中的任何一路进行 A/D 转换，地址译码与模拟输入通道的选通关系如表 5.3 所示。

表 5.3　地址译码与模拟输入通道的选通关系

被选模拟通道		IN_0	IN_1	IN_2	IN_3	IN_4	IN_5	IN_6	IN_7
地	A_2	0	0	0	0	1	1	1	1
	A_1	0	0	1	1	0	0	1	1
址	A_0	0	1	0	1	0	1	0	1

在启动端（START）加启动脉冲（正脉冲），D/A 转换即开始。如将启动端（START）与转换结束端（EOC）直接相连，转换将是连续的，在用这种转换方式时，开始应在外部加启动脉冲。

5.2.3　模/数与数/模转换电路的仿真

1．A/D 转换电路的仿真

在 Multisim 仿真软件的混合器件库中有，一种 A/D 转换电路（ADC），以此来构建模/

数转换电路。ADC 是将输入的模拟信号转换成 8 位数字信号输出，符号说明如下：

Vin：模拟电压输入端；

Vref+：参考电压"+"端，接直流参考源的正端，其大小视用户对量化精度的要求而定；

Vref−：参考电压"−"端。一般与地连接；

SOC：启动转换信号端，只有该端从低电平变换成高电平时，转换才开始，转换时间为 1 μs，期间 EOC 为低电平；

EOC：转换结束标志位端，高电平表示转换结束；

OE：输出允许端，可与 EOC 接在一起。

A/D 转换器仿真电路如图 5.44 所示，改变电位器 R1 的大小，即改变输入模拟量，在仿真电路中可观察到输出端数字信号的变化。

2．D/A 转换电路的仿真

在 Multisim 仿真软件的混合器件库（Mixed）中有两种 D/A 转换电路，一个是电流型 DAC，即 IDAC；另一个是电压型 DAC，即 VDAC。

调整图 5.43 所示电路，在输入端再接入一路交流信号 V2。使 A1 集成电路 A/D 转换电路的输出端 D0~D7 的数值自动变化，并在数码管上显示出来。

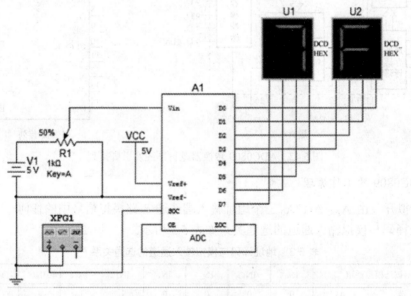

图 5.43　A/D 转换器仿真电路

调整好 A/D 转换电路以后，再对其输出的数字信号进行 D/A 转换。D/A 转换电路采用电流型 DAC，即 IDAC8（8 位），完整的电路如图 5.44 所示。

双击 IDAC8 图标，打开其设置对话框，设置如图 5.45 所示。函数发生器的设置如图 5.46 所示。

按下仿真开关，可以看到示波器上显示的 A/D 转换电路输入的模拟信号波形、D/A 转换电路输出信号的波形如图 5.47 所示。

在 D/A 转换电路的输出端接上滤波电感 L1 和滤波电容 C1，如图 5.48 所示。

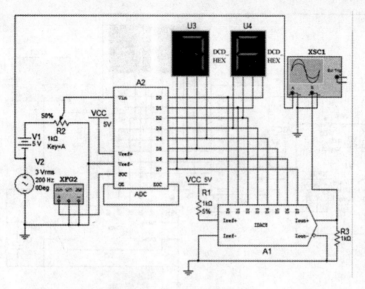

图 5.44 A/D、D/A 转换电路

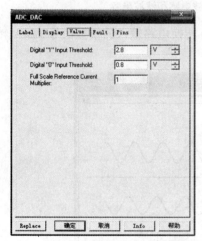

图 5.45 IDAC8 设置对话框

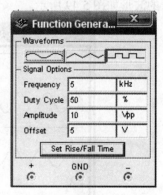

图 5.46 函数发生器的设置

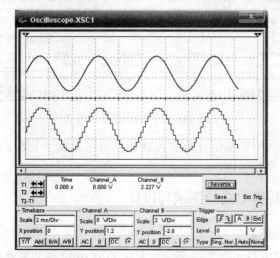

图 5.47 输入/输出信号波形 1

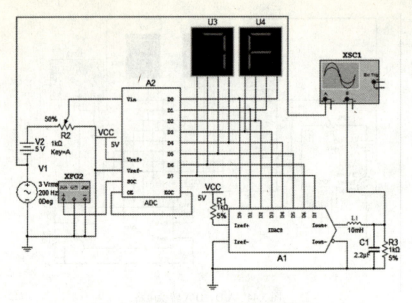

图 5.48　D/A 输出端接上滤波电感和滤波电容

按下仿真开关,我们看到示波器上显示的 A/D 转换电路输入的模拟信号、D/A 转换电路输出信号的波形如图 5.49 所示。

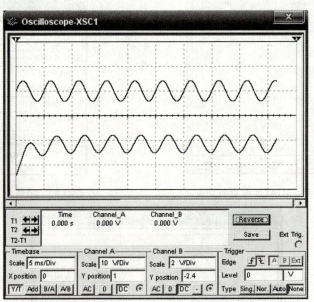

图 5.49　输入/输出信号波形 2

上述电路完成了将一个模拟信号通过 A/D 转换电路变成一个数字信号,再通过 D/A 转换电路变换回模拟信号的完整过程。

5.2.4　模/数与数/模转换电路的测试与设计

1. DAC0832 功能测试

DAC0832 功能测试电路如图 5.50 所示。其中 DAC0832 输出的是电流,要转换为电压,还必须经过一个外接的运算放大器。

（1）按图 5.50 接线，测试电路接成直通方式，即 $\overline{CS}$、$\overline{WR}_1$、$\overline{WR}_2$、$\overline{XFER}$ 接地，ILE、V_{CC}、V_{REF} 接+5 V 电源，运放电源接±15 V，$D_0 \sim D_7$ 接逻辑开关的输出插口，输出端 V_o 接直流数字电压表。

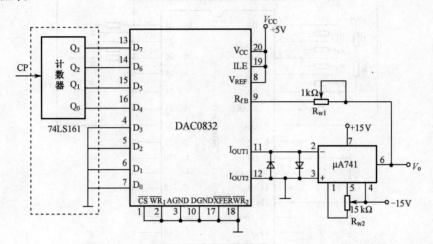

图 5.50　DAC0832 功能测试电路

（2）令 $D_0 \sim D_7$ 全置 0，调节运放的调零电位器 R_{w2}，使 μA741 的输出电压为零。

（3）令 $D_0 \sim D_7$ 全置 1，调节电位器 R_{w1}，改变运算放大器的放大倍数，使 μA741 输出满量程。

（4）按表 5.4 所列的输入数字信号，用数字电压表测量运算放大器的输出电压 V_o，将测量结果填入表中，并与理论值进行比较。

表 5.4　DAC0832 测试表

输入数字量								输出模拟量 V_o/V
D_7	D_6	D_5	D_4	D_3	D_2	D_1	D_0	$V_{CC}=+5V$
0	0	0	0	0	0	0	0	
0	0	0	0	0	0	0	1	
0	0	0	0	0	0	1	0	
0	0	0	0	0	1	0	0	
0	0	0	0	1	0	0	0	
0	0	0	1	0	0	0	0	
0	0	1	0	0	0	0	0	
0	1	0	0	0	0	0	0	
1	0	0	0	0	0	0	0	
1	1	1	1	1	1	1	1	

（5）再将二进制计数器 74LS161 的输出 Q_3、Q_2、Q_1、Q_0 由高到低，对应接到 DAC0832 数字输入端的高 4 位 D_7、D_6、D_5、D_4，低 4 位输入端 D_3、D_2、D_1、D_0 接地。74LS161 的 CP 输入 1 kHz 方波，用示波器观察并记录输出电压的波形 V_o。

2. ADC0809 功能测试

按图 5.51 连接 ADC0809 功能测试电路。

（1）8 路输入模拟信号 1~4.5 V，由+5 V 电源经电阻 R 分压组成；变换结果 $D_0 \sim D_7$ 接逻辑电平显示器输入接口，CP 时钟脉冲由计数脉冲源提供，取 f=100 kHz；$A_0 \sim A_2$ 地址端接逻辑电平输出接口。

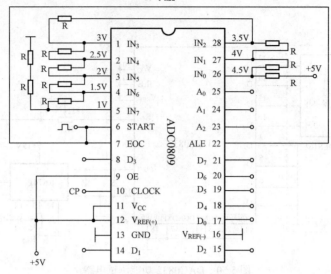

图 5.51 ADC0809 功能测试电路

（2）接通电源后，在启动端（START）加一正单次脉冲，下降沿一到立即开始 A/D 转换。

（3）按表 5.5 的要求观察，记录 IN_0~IN_7 8 路模拟信号的转换结果，并将转换结果换算成十进制数表示的电压值，与数字电压表实测的各路输入电压值进行比较，分析误差原因。

表 5.5 ADC0809 测试表

被选模拟通道	输入模拟量	地 址			输出数字量							
IN	V_i/V	A_2	A_1	A_0	D_7	D_6	D_5	D_4	D_3	D_2	D_1	D_0	十进制
IN_0	4.5	0	0	0									
IN_1	4.0	0	0	1									
IN_2	3.5	0	1	0									
IN_3	3.0	0	1	1									
IN_4	2.5	1	0	0									
IN_5	2.0	1	0	1									
IN_6	1.5	1	1	0									
IN_7	1.0	1	1	1									

3. 直流数字电压表设计

1）设计任务

用 ADC0809 设计一台简易的直流数字电压表，使其能测量≤+5 V 的模拟电压。

2）设计要求

（1）根据任务要求写出设计步骤。

（2）根据所选器件画出电路图，用三位十进制数码管进行输出显示。

（3）写出实验步骤和测试方法，设计实验记录表格。

（4）进行调试及测试，排除实验过程中的故障。

（5）分析、总结实验结果。

5.2.5 实验报告及思考题

（1）整理实验数据，分析实验结果。

（2）给一个 8 位 D/A 转换器输入二进制数 10000000 时，其输出电压为 5 V。问：如果输入二进制数 00000001 和 11001101 时，D/A 转换器的输出模拟电压分别为何值？

（3）图 5.51 中，如果将二进制计数器 74LS161 的输出 $Q_3 \sim Q_0$ 改接到 DAC0832 数字输入端的低 4 位 $D_3 \sim D_0$，高 4 位输入端 $D_7 \sim D_4$ 接地。74LS161 的 CP 输入 1 kHz 方波，将会在示波器上看到什么样的波形？

（4）若输出要获得双极性电压，将如何修改图 5.51 电路？

（5）8 位 D/A 转换器的分辨率是多少？

5.3 半导体存储器——静态随机存储器实验

5.3.1 实验目的与要求

（1）熟悉静态随机存储器 RAM 的工作特性及使用方法。
（2）掌握静态随机存储器 RAM6264 的工作原理、数据读/写方法和控制信号的作用。

5.3.2 存储器基础知识

半导体存储器是用半导体器件来存储二值信息的大规模集成电路，是现代数字系统的重要组成部分。半导体存储器分类如下：

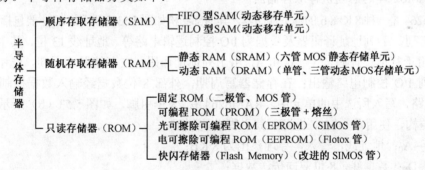

随机存取存储器（RAM），又称读/写存储器，它能存储数据、指令、中间结果等信息。在该存储器中，任何一个存储单元都能以随机次序迅速地存入（写入）信息或取出（读出）信息。随机存取存储器具有记忆功能，但停电（断电）后，所存信息（数据）会丢失，不利于数据的长期保存，所以多用于中间过程暂存信息。

1. RAM 的结构和工作原理

图 5.52 是 RAM 的基本结构图，它主要由存储单元矩阵、地址译码器和读/写控制电路三部分组成。

1）存储单元矩阵

存储单元矩阵是 RAM 的主体，一个 RAM 由若干个存储单元组成，每个存储单元可存放 1 位二进制数或 1 位二元代码。为了存取方便，通常将存储单元设计成矩阵形式，所以称为存储矩阵。存储器中的存储单元越多，存储的信息就越多，该存储器容量就越大。

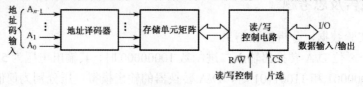

图 5.52 RAM 的基本结构图

2）地址译码器

为了对存储矩阵中的某个存储单元读/写信息，必须首先对每个存储单元的所在位置（地址）进行编码，然后当输入一个地址码时，就可利用地址译码器找到存储矩阵中相应的一个（或一组）存储单元，以便通过读/写控制，对选中的一个（或一组）单元读/写信息。

3）片选与读/写控制电路

由于集成度的限制，大容量的 RAM 往往由若干片 RAM 组成。当需要对某一个（或一组）存储单元读/写信息时，必须首先通过片选 $\overline{CS}$ 选中某一片（或几片），然后利用地址译码器才能找到对应的具体存储单元，以便读/写控制信号对该片（或几片）RAM 的对应单元进行读/写操作。

除了上面介绍的三个主要部分外，RAM 的输出常采用三态门作为输出缓冲电路。

MOS 随机存储器有动态 RAM（DRAM）和静态 RAM（SRAM）两类。DRAM 靠存储单元中的电容暂存信息，由于电容上的电荷要泄漏，故要定时充电（又称刷新），SRAM 的存储单元是触发器，记忆时间不受限制，不必刷新。

2. RAM6264 静态随机存取存储器

RAM6264 是一种 8 K×8 b 的静态存储器，其内部结构如图 5.53（a）所示，主要包括 512×128 b 的存储器阵列、行/列地址译码器及数据列 I/O 控制逻辑电路等。地址线 13 位，其中 A_{12}、A_{11} 和 A_9~A_3 用于行地址译码，A_2~A_0 和 A_{10} 用于列地址译码。在存储器读周期，选中单元的 8 位数据经列 I/O 控制电路输出；在存储器写周期，外部 8 位数据经输入数据控制电路和列 I/O 控制电路，写入所选中的单元中。RAM6264 有 28 个引脚，如图 5.53（b）所示，采用双列直插式结构，使用单一+5 V 电源。其引脚功能如下：

➢ A_{12}~A_0：地址线，输入，寻址范围为 8 KB；
➢ D_7~D_0：数据线，8 位双向传送数据；
➢ $\overline{CE}$：片选信号；
➢ $\overline{WE}$：写允许信号，输入，低电平有效，读操作时要求其无效；
➢ $\overline{OE}$：读允许信号；输入，低电平有效，即选中单元输出允许；
➢ V_{CC}：+5 V 电源；
➢ GND：地；
➢ NC：表示引脚未用。

RAM6264 的工作状态如表 5.6 所示。当片选端 $\overline{CE}$ 有效时选中该片，使它处于工作状态，可以读（写）；无效时，该片处于维持状态，不能读（写），I/O 端呈高阻浮置态，但可以维持原存储数据不变，这时的电流只有 2 μA，称为维持电流。$\overline{OE}$ 为输出允许端，$\overline{OE}$ 有效时内部数据可以读出；$\overline{OE}$ 无效时，I/O 端对外呈高阻浮置态。

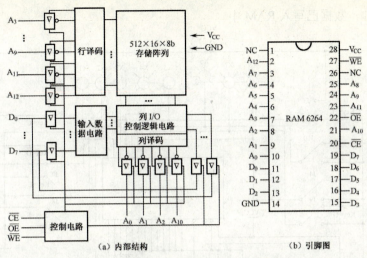

图 5.53 RAM6264 的内部结构及引脚图

（1）当器件要进行读操作时，首先输入要读出单元的地址码（$A_0 \sim A_{12}$），并使 $\overline{WE}=1$，$\overline{OE}=0$，给定地址存储单元的内容（8 位）就经读/写控制传送到三态输出缓冲器，而且只能在 $\overline{CE}=0$ 时，才能把读出数据送到引脚（$D_0 \sim D_7$）上，这时数据线作为输出线使用。

表 5.6 RAM6264 工作状态

工 作 状 态	$\overline{CE}$	$\overline{OE}$	$\overline{WE}$	I/O
读（选中）	0	0	1	输出数据
写（选中）	0	1	0	输入数据
维持（未选中）	1	×	×	高阻浮置
输出禁止	0	1	1	高阻浮置

（2）当器件要进行写操作时，在 $D_0 \sim D_7$ 端输入要写入的数据，在 $A_0 \sim A_{12}$ 端输入要写入单元的地址码，然后再使 $\overline{WE}=0$，$\overline{CE}=0$。为了确保数据能可靠地写入，写脉冲宽度 t_{WP} 必须大于或等于手册所规定的时间区间，当写脉冲结束时，就标志这次写操作结束。

5.3.3 存储器的 EDA 仿真

在 Multisim 软件中，从 MCU 库中调 HM1-65642-883，从 TTL 库中调 74LS161N，从 Sources 库中调 CLOCK_VOLTAGE、VCC、GND、J1~J10，从指示库中调 X1~X8 等元件，连线构建 RAM 仿真电路，如图 5.54 和图 5.55 所示。其中 74LS161N 构成 4 位二进制计数器，为 RAM 提供 4 位地址码（从 0000~1111）。为了便于观察，设置图中时钟信号源 CLOCK_VOLTAGE 为 5V/10Hz 的方波信号。

1）RAM6264 写入数据仿真

在图 5.54 中，先设置 HM1-65642-883 的 $\overline{E1}$（片选信号）为低电平使其有效，芯片处于工作状态；然后再通过逻辑开关 J2、J1 设置 HM1-65642-883 的读允许信号为高电平；$\overline{W}$（写允许信号）为低电平，使 RAM6264 处于写状态。

设置数据开关 J3~J10 为 11111111，11111110，11111100，11111000，…，00000000 状态，在时钟信号作用下，RAM 的地址码从 0000~1111 变化时，写入数据。仿真电路如图 5.54 所

示。从图中可知，数据已写入 RAM 中。

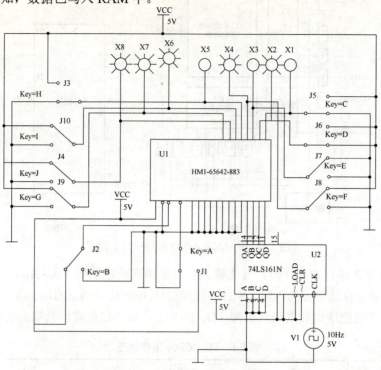

图 5.54　RAM 写数据仿真电路

2）RAM6264 读数据仿真

在图 5.55 中，先设置 HM1-65642-883 的 $\overline{E1}$（片选信号）为低电平使其有效，芯片处于工作状态；然后再通过逻辑开关 J2、J1 设置 HM1-65642-883 的读允许信号为低电平；$\overline{W}$（写允许信号）为高电平，使 RAM6264 处于读数据状态。

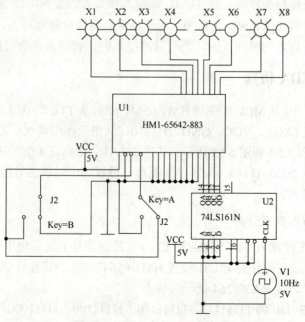

图 5.55　RAM 读数据仿真电路

在时钟信号作用下,当 RAM 的地址码从 0000~1111 变化时,从 LED 中观察输出,可知已写入到 RAM 的数据被顺序读出。

5.3.4 存储器的测试

1. RAM6264 的测试

在存储器中写入一些数据,然后读出并通过显示灯显示。

实验所用原理电路如图 5.56 所示,它由一片 6264 静态存储器、地址寄存器 AR273 等组成,其数据线接至数据总线,通过显示灯可以显示数据。地址线由地址锁存器给出。地址灯 $AD_0 \sim AD_7$ 与地址线相连,显示地址线内容。数据开关经三态门(74LS245)连至数据总线,分时给出地址和数据。因地址寄存器为 8 位,接入 6264 的地址为 $A_7 \sim A_0$,而高 5 位 $A_8 \sim A_{12}$ 接地,所以其实际容量为 256 B。实验的具体步骤如下所述。

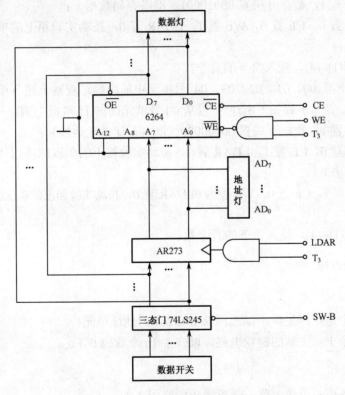

图 5.56 存储器测试原理电路

(1) 形成时钟脉冲信号 T_3。
> 接通实验箱电源,将实验箱脉冲信号源的输出接入示波器,调节频率调节旋钮,使其输出实验所需频率的连续方波信号,接入 T_3 中。
> 接入实验箱中的单次脉冲源输出插孔,每按动一次微动开关,则输出一个单脉冲。用示波器观察,其脉冲宽度与连续方式相同,接入 T_3 中。
> 关闭电源。

(2) 按图 5.56 连接实验线路。
> 将 $\overline{OE}$ 常接地,在此情况下,当片选有效($\overline{CE}=0$),$\overline{WE}=1$ 时进行读操作,$\overline{WE}=0$

时进行写操作，其写时间与 T_3 脉冲宽度一致。
- 将 T_3 脉冲接至实验箱上脉冲信号源输出相应插孔中，其脉冲宽度可调，其他电平控制信号和数据开关由实验箱上逻辑单元的二进制开关模拟，其中 SW-B 为低电平有效，LDAR 为高电平有效。
- 仔细检查接线无误后，接通电源。由于存储器模块内部的连线已经接好，因此，只需完成实验电路、控制信号模拟开关、时钟脉冲信号 T_3 与存储模块的外部连接。

（3）给存储器的 00，01，02，03，04 地址单元分别写入数据 11，12，13，14，15。具体步骤如下所述（以向 00 单元写入 11 为例）：
- 将 SW-B 置 1，数据开关置 00000000（准备存储单元地址）；
- 将 SW-B 置 0，CE 置 1，LDAR 置 1，按动实验箱上的单次脉冲钮（单元地址装入地址寄存器中）；
- 将 SW-B 置 1，数据开关置 00010001（准备存储数据）；
- 将 SW-B 置 0，CE 置 0，WE 置 1，LDAR 置 0，按动实验箱上的单次脉冲钮（对存储器写）；
- 重复步骤(1)~(4)，输入余下的几个数。

（4）依次读出第 00、01、02、03、04 号单元中的内容，观察上述各单元的内容是否与前面写入的一致，具体步骤如下所述（（以从 00 号单元读出 11 数据为例）：
- 将 SW-B 置 1，数据开关置 00000000（准备存储单元地址）；
- 将 SW-B 置 0，CE 置 1，LDAR 置 1，按动实验箱上的单次脉冲钮（单元地址装入地址寄存器中）；
- 将 SW-B 置 1，CE 置 0，WE 置为 0LDAR 置 0，按动实验箱上的单次脉冲钮（对存储器读）；
- 重复步骤(1)~(4)，输入余下的几个数。

2. 存储器的设计

1）设计任务

（1）设计一个地址产生器，以选择 RAM6264 的地址单元；
（2）设计一个十六进制的键盘电路，以产生 16 个数码 0~F。

2）设计要求

（1）根据任务要求设计电路，画出实验电路图；
（2）写出实验步骤和测试方法，记录实验数据；
（3）进行安装、调试及测试，排除实验过程中的故障；
（4）分析、总结实验结果。

5.3.5 实验报告及思考题

（1）写出实验目的、实验中所使用的仪器、仪表及器材。
（2）写出实验电路的设计过程，画出电路图。
（3）分析电路的工作过程，指出 74LS273、74LS245 和 RAM6264 在电路中的作用。
（4）记录实验操作步骤及测试结果，排除实验过程中出现的问题。

（5）总结存储器的特点及其应用。

（6）RAM6264 有 13 个地址输入端，实验时仅用了其中一部分，不用的地址输入端应如何处理？

（7）若存储芯片的容量为 128×8 Kb，问：访问该芯片需要多少位地址？假定该芯片在存储器中的首地址为 A0000H，则末位地址应为多少？

（8）将一个包含有 32 768 个基本存储单元的存储电路设计成 4 096 B 的 RAM，该 RAM 有几根数据线？有几根地址线？

第 6 章 数字电路应用设计

6.1 数字电路设计概述

数字电路设计就是指设计者根据给出的具体逻辑问题,求出实现这一逻辑功能的电路。电路设计的主要任务是将设计要求转换为明确的、可实现的功能和技术指标,确定可行的技术方案,然后按照设计方案选择合适的器件,实现设计要求。

6.1.1 数字电路设计流程

数字电路设计的一般流程如图 6.1 所示。从图中可以看出,数字电路设计一般有明确任务、确定方案、单元电路设计、电路参数选择、EDA 仿真、组装调试和指标测试阶段。

6.1.2 数字电路设计方法

数字电路设计方法就是按照数字电路设计的一般流程,结合具体电路实现设计要求。其具体含义及要求如下所述。

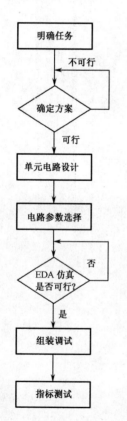

图 6.1 数字电路设计的一般流程

(1) 明确设计任务要求:设计要求是数字电路设计的出发点和落脚点,了解设计任务的具体要求,如性能指标、内容及要求,对设计任务的完成有至关重要的意义。因此设计者应充分理解设计要求的指标含义、明确设计任务的具体内容及熟悉设计所涉及的相关知识。设计的原则是在满足设计要求的前提下力求电路结构简单、价格性能比高。当选用小规模集成电路设计时,电路最简的标准是所用的触发器和门电路的数目最少,而且触发器和门电路的输入数目也最少。而当使用中、大规模集成电路时,电路最简的标准则是使用的集成电路数目最少,种类最少,而且互相之间的连线也最少。

(2) 确定总体方案:根据掌握的知识和资料,针对设计提出的任务、要求和条件,设计合理、可靠、经济、可行的设计框架,对其优缺点进行分析,确定实现设计要求的方案。由于总体方案关系到电路全局问题,因此,应当从不同途径和角度,尽量多提不同的方案,深入分析比较,有些关键部分,还要提出具体电路,便于找出最优方案。

(3) 根据设计框架进行单元电路设计、参数计算和器件选择:具体设计时可以模仿成熟的电路进行改进和创新,注意信号之间的关系和限制,对时序电路要特别注意时序关系;要根据电路工作原理和分析方法,进行参数的估计与计算;器件选择时,其工作电压、频率和功耗等参数应满足电路指标要求，元器件的极限参数必须留有足够的余量，电阻和电容的参数应选择计算值附近的标称值，注意 TTL 与 CMOS 器件的匹配和兼容。

（4）电路 EDA 仿真：对总体方案及硬件单元电路进行模拟分析，以判断电路结构的正确性及性能指标的可实现性，通过这种精确的量化分析方法，指导设计以实现系统结构或电路特性模拟及参数优化设计，避免电路设计出现大的差错。

（5）电路原理图的绘制：电路原理图是组装、焊接、调试和检修的依据。绘制电路图时，布局必须合理、排列均匀、清晰、便于看图、有利于读图；信号的流向一般从输入端或信号源画起，由左至右或由上至下按信号的流向依次画出各单元电路，反馈通路的信号流向则与此相反；图形符号标准，并加适当的标注；连线应为直线，并且交叉和折弯应最少，互相连通的交叉处用圆点表示，地线用接地符号表示。

（6）电路板的 PCB 设计：电路原理图完毕后还必须进行电路的 PCB 设计（电路板级），PCB 设计是在芯片设计的基础上，通过对芯片和其他电路元件之间的连接，把各种元器件组合起来，构成完整的电路系统；依照电路性能、机械尺寸、工艺等要求，确定电路板的尺寸、形状，进行元器件的布局、布线，通常借助 PCB 设计软件（Protel 等）完成。

（7）电路的组装和调试：组装调试是验证电路设计的重要环节。电路组装是指将电子电路元件按照电路设计图，在印制板或面包板上通过导线或连线组合装配成实际的电子电路；而调试是指由于元器件特性参数的分散性、装配工艺的影响，以及其他如元器件缺陷和干扰等各种因素的影响，需要通过调整和试验来发现、纠正、弥补，使其达到预期的功能和技术指标。

电路组装包括审图、元器件的预处理、电路板布局和电路焊接；电路调试包括调试准备、静态调试、动态调试、指标测试几个环节。

要按照设计工艺要求进行电路的组装调试，要做到：

（1）电路组装前应对总体电路草图进行全面审查，尽早发现草图中存在的问题，以避免调试过程中出现过多反复或重大事故。

（2）器件布置合理，布线得当。

（3）电路连接正确，安装的元器件符合电路图的要求，并注意器件极性不要接错。

（4）焊接方法得当，可靠焊接。

（5）电路组装后再对照总体电路图进行全面检查，确保电路连接与电路图一致。

（6）调试前应仔细阅读调试说明及调试工艺文件，熟悉整机的工作原理、技术条件及有关指标。

（7）调试时先对单片"分调"，检查其逻辑功能、高低电平、有无异常等；再对多片集成电路"总调"，输入单次脉冲，对照状态转移表进行调试。

（8）能正确使用测试仪表，在规定的条件下测试系统参数。

（9）正确分析判断系统是否达到设计功能和技术指标。在电路的输入端接入适当幅值和频率的信号，并沿着信号的流向逐级检测各相关点的波形、参数和性能指标。发现故障现象，应采取相应的对策设法排除，保证电路测试的结果符合设计要求。

电路组装与调试在电子工程技术中占有重要位置，它是指把理论付诸实践的过程，是把设计转变为产品的过程。通过这一过程检验理论设计是否正确，是否完善。实际上，任何一个好的设计方案都是组装与调试后又经多次修改才得到的。

6.1.3 数字电路设计性实验报告撰写

设计性实验报告主要包括以下几点：
（1）课题名称；
（2）内容摘要；
（3）设计内容及要求；
（4）比较和选择的设计方案；
（5）单元电路设计、参数计算和器件选择；
（6）完整的电路图，并说明电路的工作原理；
（7）电路原理图的 EDA 仿真、波形图及仿真结论；
（8）组装调试的内容，如使用的主要仪器和仪表，调试电路的方法和技巧，测试的数据和波形，并与计算结果进行比较分析，调试中出现的故障、原因及排除方法；
（9）设计电路的特点和方案的优缺点，课题的核心及实用价值，改进意见和展望；
（10）元器件清单；
（11）参考文献；
（12）收获、体会。
实际撰写时可根据具体情况进行适当调整。

6.2 交通信号灯自动定时控制系统

交通信号灯自动定时控制系统是常见的数字控制系统，对规范十字路口的交通有着不可替代作用。一般十字路口均设红、黄、绿三色信号灯和用于计时的两位由数码管显示的十进制数，其示意图如图 6.2 所示。

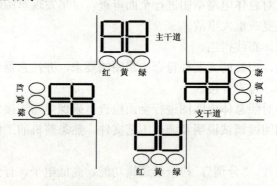

图 6.2 交通信号灯自动定时控制系统示意图

学习要求：了解交通信号灯的工作原理；掌握交通信号灯自动定时控制系统设计与测试方法，学会交通信号灯的 EDA 仿真。

6.2.1 控制系统的功能要求

（1）主干道、支干道交替通行，通行时间均可在 0~99 s 内任意设定。
（2）每次绿灯换红灯前，黄灯先亮较短时间（可在 0~10 s 内任意设定），用于等待十字路口内滞留车通过。

（3）主支干道通行时间和黄灯的时间均由同一计数器按减计数方式计数（零状态为无效态）。

（4）在减计数器回零瞬间完成十字路口通行状态的转换（换灯）。

6.2.2 控制系统方案设计

设计方案有多种，在数字电路中可以利用中、小规模数字集成电路实现，也可以利用大规模可编程数字集成电路或单片机实现，其工作流程图如图 6.3 所示。设主干道通行时间为 N_1，支干道通行时间为 N_2，主、支干道黄灯亮的时间均为 N_3，通常设置 $N_1>N_2>N_3$。

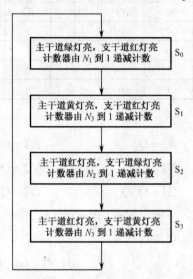

图 6.3 交通信号灯自动定时控制系统工作流程图

图 6.4 是利用中规模集成电路设计的交通信号灯自动定时控制系统总体框图，从中可知，系统由秒脉冲发生器、可预置递减计数器、信号灯转换控制电路及译码显示电路等几部分组成。

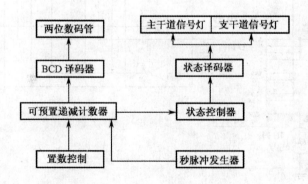

图 6.4 交通信号灯自动定时控制系统总体框图

6.2.3 电路设计

1. 状态控制器

由图 6.3 流程图可见，系统有 4 种不同的工作状态（$S_0 \sim S_3$），选用 4 位二进制递增计数器 74163 作为状态控制器，取低两位输出 Q_B、Q_A 为状态控制器的输出。状态编码 S_0、S_1、S_2、S_3 分别为 00、01、10、11。

2. 状态译码器

以状态控制器输出（Q_A、Q_B）为译码器的输入变量，根据 4 个不同通行状态对主、支干道三色信号灯的控制要求，列出灯控函数真值表，如表 6.1 所示。

表 6.1 灯控信号函数真值表

控制器状态		主 干 道			支 干 道		
Q_A	Q_B	R1	Y1	G1	R2	Y2	G2
0	0	0	0	1	1	0	0
0	1	0	1	0	1	0	0
1	0	1	0	0	0	0	1
1	1	1	0	0	0	1	0

经化简获得 6 个灯控函数：

$$R1 = Q_B \qquad R2 = \overline{Q_B}$$
$$Y1 = \overline{Q_B}Q_A \qquad Y2 = Q_B Q_A$$
$$G1 = \overline{Q_B}\,\overline{Q_A} \qquad G2 = Q_B \overline{Q_A}$$

根据灯控函数逻辑表达式，可画出状态译码器电路。将状态控制器、状态译码器及模拟三色信号灯相连接，构成信号灯转换控制电路，如图 6.5 所示。

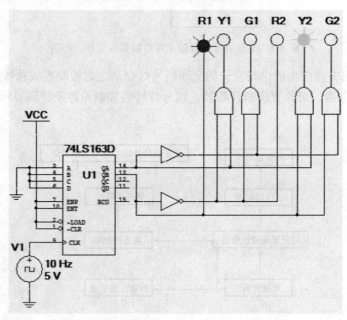

图 6.5 信号灯转换控制电路的 EDA 仿真电路

3. 递减计时系统

选用 2 片 74LS190 十进制可逆计数器，构成 2 位十进制可预置递减计数器，如图 6.6 所示。2 片计数器之间采用异步级联方式，利用个位计数器的借位输出脉冲（RCO），直接作为十位计数器的计数脉冲（CLK），个位计数器输入秒脉冲作为计数脉冲。选用 2 只带译码功能的七段显示数码管实现 2 位十进制数显示。由 74LS190 功能表可知，该计数器在零状态时 RCO 端输出低电平。我们将个位与十位计数器的 RCO 端通过或门控制 2 片计数器的置数控制端 LOAD（低电平有效），实现计数器减计数至"00"状态，瞬间完成置数要求。通过 8421BCD 码置数输入端，可以在 100 以内自由选择定时要求。

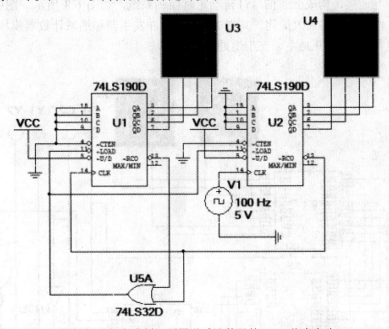

图 6.6　2 位十进制可预置递减计数器的 EDA 仿真电路

4. 秒脉冲发生器

秒脉冲发生器由 555 多谐振荡器及 74LS161 分频器构成，图 6.7 是其 EDA 仿真图。

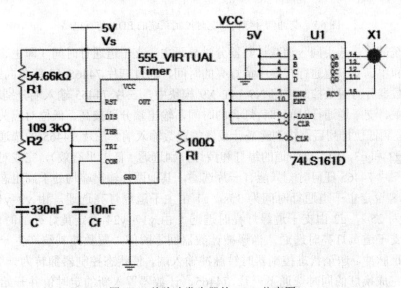

图 6.7　秒脉冲发生器的 EDA 仿真图

图 6.7 中由 555 定时器及电阻 R1、R2、Rl、电容 C、Cf 组成多谐振荡器，输出一个 5 V/16

Hz 的脉冲信号,经过 74LS161 组成的模 16 分频器,产生所需的秒脉冲信号,作为交通灯控制器的时钟。

5. 系统总的仿真电路

在 Multisim 主界面内,用粘贴的方法将上述 4 部分单元电路置于同一界面内,再按照各自对应关系相互连接,构成交通信号灯自动定时控制系统,如图 6.8 所示。图中采用子电路的表示方法,使系统电路大大简化。其中 X1 是秒脉冲发生器和递减计数器模块,X8 是信号灯转换控制电路模块,X9 是主、支干道通行转换模块。

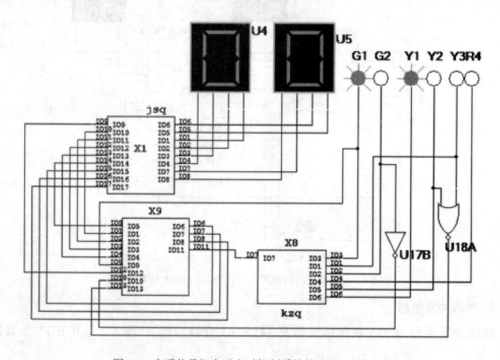

图 6.8 交通信号灯自动定时控制系统的 EDA 仿真电路

为使系统简化,选用同一递减计数器分时显示主、支干道通行时间(即主、支干道绿灯亮的时间)和主、支干道通行转换中黄灯亮的时间,通过三片 74465(8 路单向三态传输门)实现递减计数器分时置数控制电路 X9。在 X9 模块中,三片 74465 输入端分别以 8421BCD 码形式设定主、支干道通行时间和黄灯亮的时间,输出端分别按高、低位对应关系并联后按 $D_7 \sim D_0$ 由高位到低位排列后,接到递减计数器的置数输入端。三片 74465 的选通控制端分别命名为 g1、g2`和 g3,由主支干道的绿灯和黄灯分别选通(低电平有效),完成对递减计数器的预置数。三片 74465 任何时刻只能有一片选通,其他两片输出端均处于高阻态。在该系统中,由 y1~y8 设定主干道通行时间为 35s,g1 由主干道绿灯亮选通。由 y9~y16 设定支干道通行时间为 25 s,g2 由支干道绿灯亮时选通。由 y17~y24 设定黄灯亮的时间为 5s,g3 由主干道或支干道黄灯亮时选通。当递减计数器回零瞬间,置数控制端产生一个窄脉冲,经反相变为正脉冲,送至状态控制器时钟脉冲输入端,使状态控制器翻转为一个工作状态,状态译码器完成换灯的同时选通下一片 74465,计数器置入新的定时值并开始新状态下的减数计数,当计数器减计数再次回零时又重复上述过程,这样信号灯就自动按设定时间交替接通。

6.2.4 组装与调试

在上述系统中,置数输入是根据定时时间设定 8421BCD 码并将相应输入端接高、低电平实现的,在实际应用中,可采用 8421BCD 码数码拨盘,实现递减计数器的计数控制。

在系统安装调试中,首先将各单元电路调试正常,然后再进行各单元电路之间的连接,要特别注意电路之间高、低电平的配合。若系统组装完毕,通电测试,工作不正常,仍可将各单元电路拆开,引入秒脉冲单独调试。

6.2.5 相关题目

设计课题:设计一个交通灯控制器

1. 功能要求

(1)设计一个十字路口的交通灯控制电路,要求甲车道和乙车道两条交叉道路上的车辆交替运行,每次通行时间都设为 25 s;

(2)要求黄灯先亮 5 s,才能变换运行车道;

(3)黄灯亮时,要求每秒钟闪亮一次。

2. 设计提示

图 6.9 是交通灯控制电路设计框图,它主要由秒脉冲信号发生器、控制器、定时器和译码显示等部分组成。秒脉冲信号发生器是该系统中定时器和控制器的标准时钟信号源,译码器输出两组信号灯的控制信号,经驱动电路后驱动信号灯工作,控制器是系统的主要部分,由它控制定时器和译码器的工作。在图 6.9 中 T_L 表示甲车道或乙车道绿灯亮的时间间隔为 25 s,即车辆正常通行的时间间隔。定时时间到,$T_L=1$,否则,$T_L=0$;T_Y 表示黄灯亮 5 s 的定时控制器信号,定时时间到 $T_Y=1$,否则,$T_Y=0$;S_T 表示变换运行车道控制信号。变换运行车道时 $S_T=1$,否则,$S_T=0$。

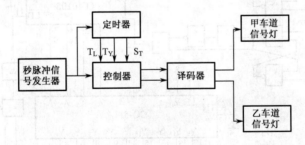

图 6.9 交通灯控制电路设计框图

6.3 拔河游戏机

学习要求:了解拔河游戏机的工作原理,掌握拔河游戏机设计与测试方法,学会数字电路中基本 RS 触发器、单稳态触发器、时钟发生器及计数、译码显示等单元电路的综合应用。

6.3.1 拔河游戏机的功能要求

(1)拔河游戏机需用 15 个(或 9 个)发光二极管排列成一行,开机后只有中间一个点亮,以此作为拔河的中心线,游戏双方各持一个按键,迅速、不断地按动产生脉冲,谁按得快，亮点就向谁移动，每按一次，亮点移动一次，移到任一方终端二极管点亮，这一方就得胜，此时双方按键均无作用，输出保持，只有经复位后才使亮点恢复到中心线。用 A、B 两个按键产生两个脉冲信号代表拔河的双方。

（2）显示器显示胜者的盘数。

（3）使用 Multisim 进行仿真。

6.3.2 拔河游戏机的方案设计

拔河游戏机的电路总体框图如图 6.10 所示。

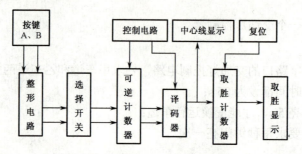

图 6.10 拔河游戏机电路总体框图

6.3.3 电路设计

拔河游戏机总电路图如图 6.11 所示。

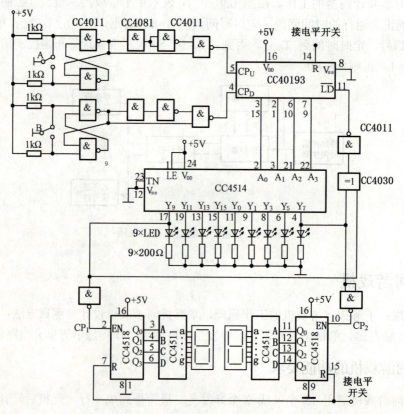

图 6.11 拔河游戏机总电路图

1. 编码电路

可逆计数器 74LS193 原始状态输出 4 位二进制数 0000,经译码器输出使中间的一只电平指示灯点亮。当按动 A、B 两个按键时,分别产生两个脉冲信号,经整形后分别加到可逆计数器上,可逆计数器输出的代码经译码器译码后驱动电平指示灯点亮并产生移位,当亮点移到任何一方终端后,由于控制电路的作用,使这一状态被锁定,而对输入脉冲不起作用。如按动复位键,亮点又回到中点位置,比赛又可重新开始。

将双方终端指示灯的正端分别经两个与非门后接到 2 个十进制计数器 CC4518 的使能端 EN,当任一方取胜,该方终端指示灯点亮,产生 1 个下降沿使其对应的计数器计数。这样,计数器的输出即显示了胜者取胜的盘数。

同步可逆计数器由双时钟二进制 74LS193 构成,它有 2 个输入端,4 个输出端,能进行加/减计数。

2. 整形电路

整形电路由与门 74LS08 和与非门 74LS00 构成。因为 74LS193 是可逆计数器,控制加减的 CP 脉冲分别加至 5 脚和 4 脚,此时当电路要进行加法计数时,减法输入端 CP_D 必须接高电平;进行减法计数时,加法输入端 CP_U 也必须接高电平,若直接由 A、B 键产生的脉冲加到 5 脚或 4 脚,就有很多时间在进行计数输入时另一计数输入端为低电平,使计数器不能计数,双方按键均失去作用,拔河比赛不能正常进行。加一整形电路,使 A、B 二键出来的脉冲经整形后变为一个占空比很大的脉冲,减少了进行某一计数时另一计数输入为低电平的可能性,从而使每按一次键都可能进行有效的计数。

3. 译码电路

由 4-16 线译码器 CC4514 构成。译码器的输出 $Y_0 \sim Y_{15}$ 中选 9 个(或 15 个)接电平指示灯的正端,电平指示灯的负端接地,这样,当输出为高电平时,电平指示灯点亮。

比赛准备,译码器输入为 0000,Y_0 输出为 1,中心处指示灯首先点亮,当编码器进行加法计数时,亮点向右移,进行减法计数时,亮点向左移。

4. 控制电路

控制电路由异或门 74LS86 和与非门 74LS00 构成,其作用是指示谁胜谁负。当亮点移到任何一方的终端时,判该方为胜,此时双方的按键均宣告无效。将双方终端指示灯的正接至异或门的 2 个输入端,当获胜一方为 1,而另一方则为 0,异或门输出 1,经与非门产生低电平 0,再送到 74LS193 计数器的置数端 LD,于是计数器停止计数,处于预置状态,由于计数器数据端 D_0、D_1、D_2、D_3 和输出 Q_0、Q_1、Q_2、Q_3 对应相连,输入也就是输出,使计数器对脉冲不起作用。

5. 胜负显示

胜负显示由计数器 CC4518 和译码显示器构成。将双方终端指示灯正极经与非门输出后分别接到 2 个 CC4518 计数器的 EN 端,CC4518 的 2 组 4 位 BCD 码分别接到实验箱中的两组译码显示器的 8、4、2、1 插孔上。当一方取胜时,该终端指示灯发亮,产生一个上升沿,使相应的计数器进行加一计数,于是就得到了双方取胜次数的显示,若 1 位数不够,则进行 2 位数的级连。

6. 复位

74LS193 的清零端 CR 接一个电平开关,作为一个开关控制,进行多次比赛所需要的复位操作,使亮点返回中心点。

CC4518 的清零端 RD 也接一个电平开关,作为胜负显示器的复位,来控制胜负计数器使其重新计数。

6.3.4 组装与调试

按照以上设计,搭建拔河游戏机整体电路,如图 6.11 所示。逐个调试整形电路、编码电路、译码电路、控制电路、胜负显示和复位的功能,最后测试拔河游戏机整个电路的功能。

6.4 循环彩灯控制器的设计

现代生活中,彩灯越来越成为人们的装饰品,它不仅能美化环境,渲染气氛,还可以用于娱乐场所和电子玩具中,是数字逻辑电路实验的典型电路。

学习要求:掌握彩灯循环控制器的电路设计及 VHDL 语言设计方法。

6.4.1 控制器的功能要求

设计一个循环彩灯控制器,该控制器控制红、绿、黄三个发光管循环发光,要求红灯亮 2 s,绿灯亮 3 s,黄灯亮 1 s。

6.4.2 电路设计

基于中规模器件实现的彩灯控制器电路,由 555 定时器、同步四进制计数器 74LS160N 和 3-8 线译码器 74LS138N 组成,其 EDA 仿真电路如图 6.12 所示。

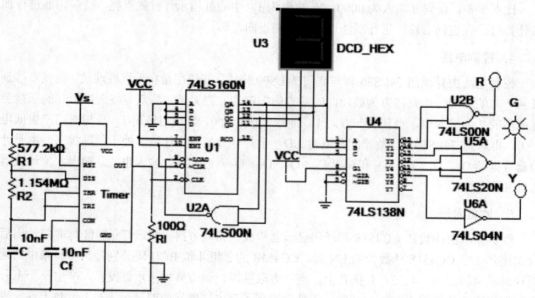

图 6.12 循环彩灯控制电路的 EDA 仿真电路

其工作过程是：555 定时器组成多谐振荡器，输出频率为 30 Hz 的矩形脉冲。因为循环彩灯对频率的要求不高，只要能产生高低电平就可以了，且脉冲信号的频率可调，所以采用 555 定时器组成的振荡器，其输出的脉冲作为下一级的时钟信号。计数器是用来累计和寄存输入脉冲个数的时序逻辑部件。74LS160N 是同步十进制计数器，当输入周期性脉冲信号时，其输出为二进制数形式，并且随着脉冲信号的输入，其输出在 0000~0101 之间循环变化。图 6.12 中 74LS160N 的低 3 位 QC、QB、QA 的输出分别接在 74LS138N 译码器的 C、B、A 端。74LS 138N 是 3-8 线译码器，具有 3 个地址输入端和 3 个选通端及 8 个译码器输出端 Y0~Y1。通过 3-8 线译码器 74LS138N，使其输出按照红灯亮 2 s，绿灯亮 3 s，黄灯亮 1 s 的规律变化。

6.4.3 组装与调试

按照图 6.12，用 555 定时器、74LS160N、74LS00 N、74LS04 N 和 74LS138 N 及电阻和电容等元件搭建实际电路，先调试以 555 定时器核心器件组成的振荡电路，选择合适的电阻值，使其输出一个频率为 30 Hz 的脉冲信号，然后调试由 74LS160 N 和 74LS00 N 组成的计数电路，再调试由 74LS138 N 和 74LS04 N 组成的脉冲分配电路，观察 LED 的发亮和熄灭状态，检查电路输出是否符合设计要求。

6.4.4 基于 VHDL 设计的循环彩灯控制器

在可编程开发环境中，编写彩灯控制器的 VHDL 程序如下：

```vhdl
LIBRARY IEEE;
USE IEEE.STD_LOGIC_1164.ALL;
ENTITY cdkzq is
  PORT(CLK :IN STD_LOGIC;
       RST:IN STD_LOGIC;
       R,G,Y:OUT STD_LOGIC);
  END cdkzq ;
ARCHITECTURE one OF cdkzq   IS
    TYPE STATE_TYPE IS(S0,S1,S2,S3,S4,S5);
    SIGNAL STATE:STATE_TYPE;
    BEGIN
      PROCESS(CLK,RST)
        BEGIN
        IF RST='1'THEN STATE <=S0;
          ELSIF CLK'EVENT AND CLK ='1' THEN
          CASE STATE IS
              WHEN S0=>R<='1';G<='0';Y<='0';STATE<=S1;
              WHEN S1=>R<='1';G<='0';Y<='0';STATE<=S2;
              WHEN S2=>R<='0';G<='1';Y<='0';STATE<=S3;
              WHEN S3=>R<='0';G<='1';Y<='0';STATE<=S4;
```

```
            WHEN S4=>R<='0';G<='1';Y<='0';STATE<=S5;
            WHEN S5=>R<='0';G<='0';Y<='1';STATE<=S0;
        END CASE;
    END IF;
END PROCESS;
END one
```

根据可编程器件的开发步骤，在 Quartus II 13.1 环境中完成输入、编辑、仿真。图 6.13 是彩灯控制器的仿真波形。

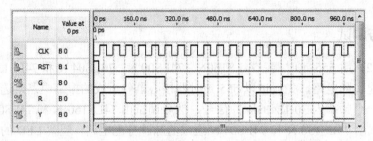

图 6.13 彩灯控制器的仿真波形

由图 6.13 可知，该 VHDL 程序实现了红、绿、黄灯循环交替出现，并按红灯亮 2 s，绿灯亮 3 s，黄灯亮 1 s 的规律变化。仿真后，选择合适器件将程序下载实际测试。

6.4.5 相关题目

设计课题 1：多模式彩灯控制器

1）功能要求

彩灯控制器开机时自动进入初态 0，彩灯全灭；4 s 后进入规定模式的循环运行；彩灯控制器完成一个循环周期共 12 s。4 种彩灯循环显示顺序为：

（1）红、绿、蓝、黄依次亮，间隔时间为 1 s；
（2）黄、蓝、绿、红依次灭，间隔时间为 1 s；
（3）红、绿、蓝、黄同时亮，间隔时间为 1 s；
（4）红、绿、蓝、黄同时灭，间隔时间为 1 s。

2）参考电路

图 6.14 给出了多模式彩灯控制电路的参考设计电路。在该电路中，CD4060 和 R_4、C_2 构成的 RC 方波振荡电路，经 14 级分频后获得秒信号，加给移位寄存器和 4 分频器作为 CP 脉冲使用。N_1、N_2 和 N_3 构成的移位型控制器，其输出状态 $Q_1Q_2Q_3$ 按 100→010→001 的状态循环。N_4、N_5 构成的 4 分频器，其 Q_5 端输出周期为 4 s 的脉冲信号，加给移位型控制器 N_1、N_2 和 N_3 的 CP 端作为 CP 脉冲使用；同时从 Q_4 端输出周期为 2 s 的脉冲加给移位寄存器的并行数据输入端 ABCD，作为并行输入数据使用。R_1、R_2 和 C_1 组成开机延时电路，G_1、G_2 和 R_3 组成保持电路。开机时，C_1 上的电压不能突变，其低电平使 74LS194 置零、移位型控制器 $Q_1Q_2Q_3$ 置 100。开机几秒后，C_1 上的电压充至高电平，此后开机电路不再影响移位寄存器和移位型控制器。刚开机后，因 $Q_1Q_2Q_3$=100，通过 G_3～G_5 使移位寄存器的 S_1S_0=01，执行

右移任务；过 4 s 以后，$Q_1Q_2Q_3$ =010，通过 G_3~G_5 使移位寄存器的 S_1S_0=10，执行左移任务；又过了 4 s 后，$Q_1Q_2Q_3$ =001，通过 G_3~G_5 使移位寄存器的 S_1S_0=11，执行置数任务，将 Q_4 的状态通过移位寄存器的 ABCD 置数端置入移位寄存器，这样彩灯显示控制电路将按要求循环显示。

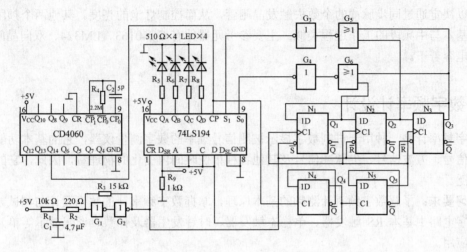

图 6.14 多模式彩灯控制电路

设计课题 2：音乐彩灯控制器

1）功能要求

设计一音乐彩灯控制器，要求电路把输入的音乐信号分为高、中、低 3 个频段，并且分别控制三种颜色的彩灯。每组彩灯的亮度随各自输入音乐的大小分 8 个等级。输入信号最大时，彩灯最亮。主要技术指标如下：

（1）高频段 2 000~4 000 Hz，控制蓝灯；

（2）中频段 500~2 000 Hz，控制绿灯；

（3）低频段 50~250 Hz，控制红灯；

（4）电源电压交流 220 V，输入音乐信号不小于 10 mV；

（5）当输入信号的幅度小于 10 mV 时，要求彩灯全亮。

2）设计提示

根据题目要求，按照频率高低划分，音乐彩灯控制器有三个模块（即高频、中频和低频段模块），每个模块由带通滤波器、放大器、整流器、电压比较器、同步脉冲发生器和阶梯波发生器组成。图 6.15 所示为音乐彩灯控制器中频段的电路框图。

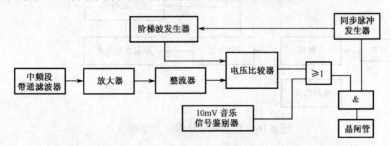

图 6.15 音乐彩灯控制器中频段的电路框图

由图 6.15 可知,音乐信号经过带通滤波器后得到中频信号,该信号再经过放大、整流变为直流,其直流电平随音乐信号大小上下波动,此电平作为参考电压加在电压比较器的一个输入端,由同步触发脉冲作为计数信号的数/模转换器,输出阶梯波作为比较电压加在电压比较器的另一个输入端,使电压比较器输出高电平的时间与参考电压成正比,并控制与门打开时间,以决定通过同步脉冲的个数去触发晶闸管,从而控制灯泡的亮度。其他两个频段的工作过程基本与中频段的工作过程类似。主要参考元器件有 CC40163、LM324、双向晶闸管、电阻及电容若干。

6.5 数字频率计设计

数字频率计是一种用十进制数字显示被测信号频率的数字测量仪器,它的基本功能是测量正弦信号、方波信号、尖脉冲信号及其他各种单位时间内变化的物理量,因此,它的用途十分广泛。

学习要求:了解数字频率计测频的基本原理,掌握数字频率计的频率设计与测试方法,学会数字电路中基本 RS 触发器、单稳态触发器、时钟发生器及计数、译码显示等单元电路的综合应用。

6.5.1 数字频率计的功能要求

设计一台简易数字频率计,其基本要求是:
(1)测量频率范围为 1~10 kHz,量程分为 4 挡,即×1、×10、×100 和×1 000;
(2)频率测量准确度 $\Delta f / f_x \leqslant \pm 2 \times 10^{-3}$;
(3)被测信号可以是正弦波、三角波和方波;
(4)显示方式为 4 位十进制数显示。

6.5.2 数字频率计的方案设计

频率的定义是单位时间(1 s)内周期信号的变化次数。若在一定时间间隔 T 内测得周期信号的重复变化次数为 N,则其频率为:

$$f = N/T$$

由此得到数字频率计设计方案框图如图 6.16 所示。

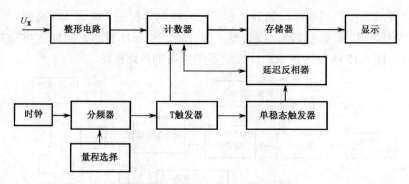

图 6.16 数字频率计设计方案框图

其基本原理是:被测信号 u_x 首先经整形电路变成计数器所要求的脉冲信号,频率与被测

信号的频率 f_x 相同。时钟电路产生时间基准信号分频后控制计数与保持状态：高电平时，计数器计数；低电平时，计数器处于保持状态，数据送入锁存器进行锁存显示。然后对计数器清零，准备下一次计数。

6.5.3 电路设计

1．整形电路

整形电路是将待测信号整形变成计数器所要求的脉冲信号，通过 555 定时器构成的施密特触发器，使输入待测信号整形为方波信号。

2．时钟产生电路

时钟信号是控制计数器计数的标准时间信号，其精度很大程度上决定了频率计的测量精度。当要求频率测量精度较高时，应使用晶体振荡器通过分频获得。在此频率计中，时钟信号采用 555 定时器构成的多谐振荡器电路，产生频率为 1 kHz 的信号，然后再进行分频。

3．分频器电路

采用计数器构成分频电路，对 1 kHz 的时钟脉冲进行分频，取得不同量程所需要的时间基准信号，实现量程控制。对 1 kHz 的时钟脉冲进行 3 次 10 分频，每个 10 分频器的输出信号频率分别为 100 Hz、10 Hz、1 Hz 的三种时间基准信号。对应于以 1 kHz，100 Hz，10 Hz，1 Hz 的信号作为时间基准信号时，相应的量程为×1000、×100、×10 和×1。10 分频电路是采用十进制计数器 74LS160 实现的。

4．T 触发器

T 触发器电路是用来将分频器输出的窄脉冲整形为方波，因为计数器需要用方波来控制其计数/保持状态的切换。整形后方波的频率为频器输出信号频率的一半，则对应于 1 kHz、100 Hz、10 Hz、1 Hz 的信号，T 触发器输出信号的高电平持续时间分别为 0.001 s、0.01 s、0.1 s、1 s。T 触发器采用 JK 触发器 74LS73 为实现。

5．单稳触发器

单稳触发器用于产生窄脉冲，以触发锁存器，使计数器在计数完毕后更新锁存器数值。单稳触发器电路采用 555 定时器实现，为了保证系统正常工作，单稳电路产生的脉冲宽度不能大于该量程分频器输出信号的周期。例如，计数器的最大量程是×1 000，对应分频器输出的时间基准信号频率为 1 000 Hz，周期是 1 ms。取单稳电路输出脉冲宽度 T_W=0.1 ms。根据 T_W=1.1RC，取 C=0.01 μF，则 R=9.8 kΩ，取标称值为 10 kΩ。单稳触发器输入信号是 T 触发器输出信号，经 Rd、Cd 组成的微分器将方波变成尖脉冲后加到 555 定时器。

6．延迟反相器

延迟反相器的功能是为了得到一个对计数器清零的信号，由于计数器清零是低电平有效，而且必须在单稳触发信号之后，故延迟反相器是在上述单稳电路之后，再加一级单稳触发电路，且在其输出端加反相器输出。

7．计数器

计数器在 T 触发器输出信号的控制下，对经过整形的待测信号进行脉冲计数，所得结果乘以量程即为待测信号频率。根据精度要求，采用 4 个十进制计数器级联，构成 $N=1\,000$ 计数器。十进制计数器仍采用 74LS160 实现，其中计数器的清零信号由延迟反相器提供，控制信号由 T 触发器提供，计数器输出结果送入锁存器。

8. 锁存器和显示

计数器的结果进入锁存器锁存，4 个七段数码管显示测试信号的频率。锁存器用 2 片 8D 集成触发器实现，其控制信号来自延迟反相器。

6.5.4 组装与调试

搭建好以上电路以后，需进行调试。首先分模块进行调试；待每一个模块调试正确后，按规则进行联调。

6.6 多路智力竞赛抢答器设计

抢答器是竞赛问答中一种常用的必备装置，从原理上讲，它是一种典型的数字电路，其中包括组合逻辑电路和时序电路。

学习要求：掌握抢答器的工作原理及其设计方法。

6.6.1 抢答器的功能要求

1. 基本功能

（1）设计一个可供 8 名选手参加比赛的抢答器，每名选手有一个抢答按钮，分别用 8 个按钮 S1～S8 表示，按钮的编号与选手的编号相对应。

（2）设置一个系统清除和抢答控制开关 S，该开关由主持人控制。

（3）抢答器具有锁存与显示功能，即选手按动按钮，锁存相应的编号，并在 LED 数码管上显示，同时扬声器发出报警声响提示。选手抢答实行优先锁存，优先抢答选手的编号一直保持到主持人将系统清除为止。

2. 扩展功能

（1）抢答器具有定时抢答功能，且一次抢答的时间由主持人设定（如 30 s）。当主持人启动"开始"键后，定时器进行减计时，同时扬声器发出短暂的声响，声响持续的时间为 0.5 s 左右。

（2）参赛选手在设定的时间内进行抢答，抢答有效，定时器停止工作，显示器上显示选手的编号和抢答的时间，并保持到主持人将系统清除为止。如果定时时间已到，无人抢答，本次抢答无效，系统报警并禁止抢答，定时显示器上显示"00"。

6.6.2 抢答器的方案设计

抢答器的组成框图如图 6.17 所示，它主要由控制电路、触发锁存电路、优先编码电路、译码显示器组成。

其工作原理为：接通电源后，主持人将开关拨到"清除"状态，抢答器处于禁止状态，编号显示器灭灯，定时器显示设定时间；主持人将开关置"开始"状态，宣布"开始"，抢答器工作。定时器倒计时,扬声器给出声响提示。选手在定时时间内抢答时,抢答器完成优先判断、编号锁存、编号显示、扬声器提示。当一轮抢答之后,定时器停止,禁止二次抢答,定时器显示剩余时间。如果再次抢答,必须由主持人再次操作"清除"和"开始"状态开关。

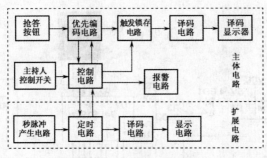

图 6.17 抢答器的组成框图

6.6.3 电路设计

1. 抢答器电路

抢答器的 EDA 仿真电路如图 6.18 所示。该电路完成两个功能:一是分辨出选手按键的先后,并锁存优先抢答者的编号,同时译码显示电路显示编号;二是禁止其他选手按键操作无效。其工作过程是开关 J1 置于"清除"时,RS 触发器的 Q 端均为 0,4 个 RS 触发器输出置 0,使 74LS148N 的输出均为 0,译码显示 0;当开关 S 置于"开始"时,抢答器处于等待工作状态,当有选手将键按下时(如按下 J1),74LS148N 的输出经 RS 锁存后 D0=0,其他按键为 1,74LS148N 处于工作状态,$A_0A_1A_2=001$,经译码显示为"1"。

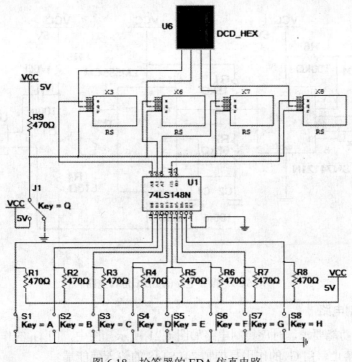

图 6.18 抢答器的 EDA 仿真电路

2. 定时电路

由节目主持人根据抢答题的难易程度，设定一次抢答的时间，通过预置时间电路对计数器进行预置，计数器的时钟脉冲由秒脉冲电路提供。可预置时间的电路选用十进制同步加减计数器 74LS192N 进行设计，具体的 EDA 仿真电路如图 6.19 所示。

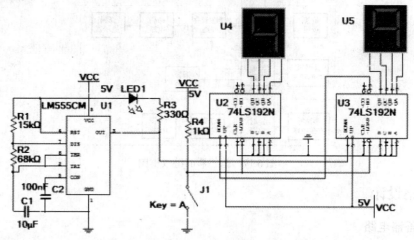

图 6.19 定时电路的 EDA 仿真电路

3. 报警电路

由 555 定时器和三极管构成报警电路，其 EDA 仿真电路如图 6.20 所示，其中 555 定时器构成多谐振荡器，振荡频率 $f_o=1.43/[(R_1+2R_2)C_2]$，其输出信号经三极管推动扬声器，集成单稳触发器 SN74121N 用于控制报警电路及发声的时间，在图 6.20 中 S、Yex 和 B 分别来自主持人的控制开关、编码器 74LS148N 的 E0 和定时脉冲信号（即定时电路 U2 的 C_O）。

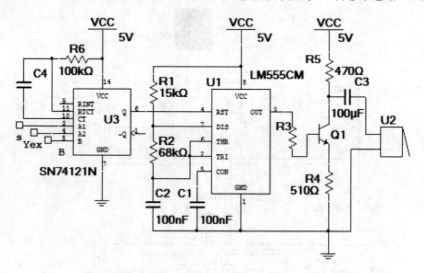

图 6.20 报警电路的 EDA 仿真电路

4. 时序控制电路

根据上面的功能要求，时序控制电路如图 6.21 所示。图中，门 G_1 的作用是控制时钟信号 CP 的放行与禁止，门 G_2 的作用是控制 74LS148 的输入使能端。

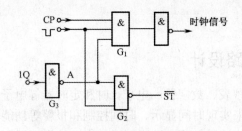

图 6.21　时序控制电路

6.6.4　组装与调试

根据上述设计思路，可画出实际电路图。

1．检测与查阅器件

用数字集成电路测试仪检测所用的集成电路，通过查阅集成电路手册，标出电路图中各集成电路输入/输出端的引脚编号。

2．电路焊接

按电路图焊接电路，先安装调试抢答器电路、可预置时间的定时电路及报警电路等单元电路，最后安装时序控制电路。焊接时先在电路板上插好各种器件。在插器件时，要注意器件的缺口方向，同时要保证各引脚与插座接触良好，引脚不能弯曲或折断。指示灯的正、负极不能接反。然后在 PCB 上对元器件规范焊接，完成电路装配。电路焊接与装配完毕，要认真对照原理图检查，在通电以前先用万用表检查各器件的电源接线是否正确。

3．电路调试

首先按照抢答器的功能进行操作，若某些功能不能实现，就要设法查找并排除故障，排除故障可按照信息流程正向（由输入到输出）查找，也可以按信息流程逆向（由输出到输入）查找。

（1）抢答器电路的调试：抢答器电路主要由显示电路、锁存电路组成，在调试时，先调试显示电路，在编码器的各输入端接上开关，当接上电源后，用各开关打开或断开来判断七段 LED 数码显示器是否显示正常。然后调试锁存电路，在各触发器的 Q 端接各接上一个发光二极管，接上电源，主持人打开开关，任意按下一路抢答开关，看其对应的发光二极管是否亮，然后再按其他开关，这时其他的二极管应该不发亮才算正常。

（2）定时电路的调试：在调试定时电路时，先调试 555 多谐振荡器，测试其频率及幅度，然后调试计数电路。

（3）报警电路调试：调试报警电路时，可以借助示波器进行，把由 555 组成的单稳触发器和多谐振荡器的信号输出端分别接到示波器的两个通道上，接上电源，由示波器的波形来判断报警电路是否工作正常。

（4）联调：检查电路各部分的功能，当单元电路正常时，再进行抢答器的联调，使其满足设计要求。注意各部分电路之间的时序配合关系。

4．实际电路测试与改进

选择测量仪表与仪器，对电路进行实际测量与调试，调整电路参数，并解决存在的问题或电路故障等。

6.7 时钟类应用电路设计

时钟类项目包含电子秒表、数字钟、电子计时和定时器等电子小系统,这些小系统都以标准时间为基准,主要用来实现时间显示、时间控制和报警等功能,因此它们在系统组成上类似,一般有时钟发生器、计数分频电路、延时、自动清零、译码显示和报警等单元电路。

6.7.1 基本单元电路

1. 标准时钟发生器

时钟信号发生器,是许多仪器、仪表和自动控制不可缺少的时钟信号,它的精度直接影响整个系统的性能。常见的时钟信号发生器有 555 定时器组成的多谐振荡器和晶体振荡器,其中 555 定时器构成的多谐振荡器的基本电路如图 6.19 中的 U1 及其相关元件组成的秒信号发生器,它适用合于要求不高的场合。

而图 6.22 所示是用 32.768 kHz 石英晶体和 4060BP-5V 等芯片构成的秒信号发生器,它常用于要求精度高的场合。图中晶体 X1 和电容 C1、C2、电阻 R1、R2 组成晶体振荡器。产生频率为 32.768 kHz 的方波信号,经过由 4060BP-5V 构成的 14 级分频器后输出 2 Hz 的方波信号,再经过由 4027BP_5V 组成 2 分频器变成需要的秒信号。

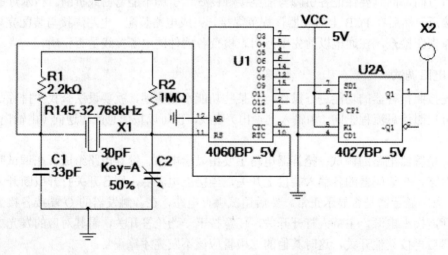

图 6.22 秒信号发生器 EDA 仿真电路

2. 计数分频电路

计数分频是时钟类项目用得最多的单元电路,利用集成计数器和可编程逻辑器件能构成各种常见的计数器,这部分电路在 4.3 节中已有阐述。

3. 译码显示电路

译码显示电路都是输入 8421 BCD 码,在 LED 上显示相应的十进制数。时钟类项目多用 LED 数码管显示,可以采用 74LS47、74LS248 和 CD4511 等芯片,其译码电路显示在 3.2 节中已有阐述。

6.7.2 数字钟电路设计

数字电子钟是一种利用数字电路来显示秒、分、时的计时装置,与传统的机械钟相比,它具有走时准确、显示直观、无机械传动装置等优点,因而得到广泛应用。

1. 功能要求

用中小规模集成电路设计一台能显示时、分、秒的数字电子钟,要求如下:
(1) 由晶体振荡电路产生 1 Hz 的标准脉冲信号。
(2) 秒、分为 00~59 六十进制计数器,时为 00~23 二十四进制计数器。
(3) 可手动校准。只要将开关置于校准位置,即可分别对分、时进行手动脉冲输入校准或连续脉冲校准调整。
(4) 整点报时。整点报时电路要求在每个整点前先鸣叫 5 次低音（500 Hz）,整点时再鸣叫一次高音（1 kHz）。

2. 方案设计

数字电子钟的实现方法很多,用中规模集成电路（MSI）芯片实现数字电子钟电路,其原理框图如图 6.23 所示,由图可知,数字电子钟由秒脉冲发生器,校时电路,六十进制的秒、分计数器,二十四进制的时计数器以及秒、分、时的译码显示部分组成。

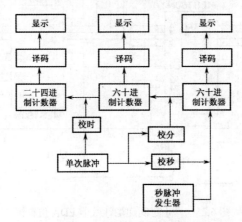

图 6.23　数字电子钟电路原理框图

3. 电路设计

秒脉冲发生器是数字钟的核心部分,它的精度和稳定度决定了数字钟的质量。秒脉冲发生器由石英晶体振荡器和分频器组成,通常用晶体振荡器发出的脉冲经过整形、分频获得 1Hz 的标准秒脉冲信号。

当数字电子钟走时不准确而造成显示的时间快或慢时,就要对数字钟进行校正,校正电路最好用 RS 触发器消除抖动,然后和进位脉冲信号一起送往下一级计数器,图 6.24 是校正电路 EDA 仿真图。

计数译码显示秒、分、时分别为六十、六十、二十四进制,可以采用同步或异步中规模计数器完成。利用两片 74LS160N 组成的同步六十进制递增计数器,如图 6.25 所示,其中个位计数器（U3）接成十进制形式。十位计数器（U2）选择 QC 与 QB 做反馈端,经与非门输出控制置入端（~LOAD）,接成六进制计数形式。个位与十位计数器之间采用同步级连方式,将个位计数器的进位输出控制端（RCO）接至十位计数器允许端（ENT），完成个位对十位计数器的进位控制。将个位计数器的 RCO 端和十位计数器的 QC、QA 端经与门由 C_O 端输出，作为进位输出控制信号。当计数器状态为 59 时，C_O 端输出高电平，在同步级联方式下，允许高位计数器计数。

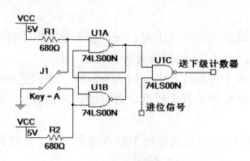

图 6.24 校正电路 EDA 仿真图

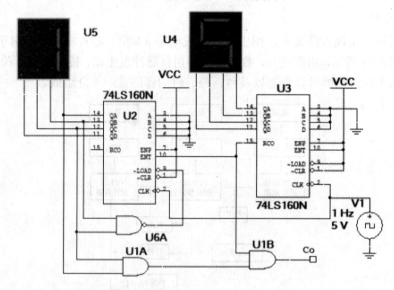

图 6.25 六十进制递增计数器 EDA 仿真图

二十四进制的同步递增计数器与六十进制递增计数器的连接类似，个位与十位计数器均接成十进制计数形式，采用同步级连方式。选择十位计数器的输出端 QB 和个位计数器的输出端 QC，通过与非门控制两片计数器的置入端（~LOAD）端，实现二十四进制递增计数。译码采用 4-7 译码器驱动共阳极数码管。

在数字钟电路中，由两个六十进制同步递增计数器完成秒、分计数，由二十四进制同步递增计数器实现小时计数。

6.7.3 数码显示星期历电路设计

在一些功能完善的电子钟表中，常带有星期历，即显示星期的电路。

1. 功能要求

用中小规模集成电路设计能显示星期的电路。

2. 星期历的基本原理

星期历电路实际上是一种七进制计数电路，它可以由通用数字电路通过逻辑组合来实现。图 6.26 是一种数码显示星期历电路的 EDA 仿真图，它由计数、译码、驱动和显示电路组成。

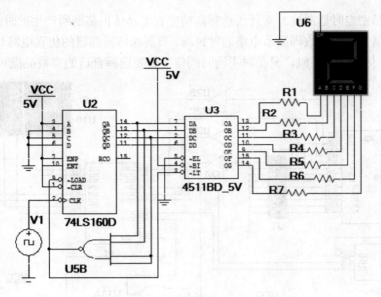

图 6.26　数码显示星期历电路的 EDA 仿真图

3. 电路设计

在数码显示星期历电路中的 LED 数码管中 "日" 字与汉字的 "日" 很相似，因此在星期历显示电路中常用日字代替星期日。这样，在这个七进制计数的循环中，需将 "7" 字跨过。

（1）日计数器的设计：选用 74LS160D 实现日计数器，利用置数法实现模 7 计数。计数器 4 位 BCD 码输出 QD，QC，QB，QA 通过译码驱动电路 CD4511BD_5V 译码后驱动数码管显示。图中 QC、QB 和 QA 经过与非门控制~LOAD，~CLR、ENP 和 ENT 均接高电平，预置数设为 "0001"，CLK 端接日进位脉冲。

（2）日字的形成：在日进位脉冲的作用下，计数器按照每日加 1 的计数方式循环计数，它的 4 个输出端 QD，QC，QB，QA 以二-十进制码输出，即 0001→0010→0011→0100→0101→0110→0111→……当计数器输出为 0111 时，在置数的同时使得 4511BD-5V 的~LT 端为低电平，数码管全部笔段均发光，即为日字，这样就实现了星期日功能的显示。

6.7.4　数码显示精密定时电路设计

1. 功能要求

用中小规模集成电路设计数码显示精密定时器，要求如下：
（1）具有电子钟功能，显示两位数；
（2）可设置定时时间和范围。

2. 电路设计

数码显示精密定时器将高精度石英晶体振荡器所产生的时钟源通过数字逻辑电路进行分频后，形成高精度定时控制信号，利用数字显示定时剩余时间的多少。它采用拨码开关设置，具有操作简单、显示直观、定时精度高等优点。该定时器的 EDA 仿真图如图 6.27 所示。该定时器由时钟源、键盘编码电路、锁存电路、数码显示电路和定时控制电路组成。

1）时钟源

数码显示精密定时器通过时基开关选择高精度石英晶体振荡器所产生的时间信号，作为定时器的计数信号加到计数码显示电路的时钟端。石英晶体振荡器的仿真电路与图 6.22 秒信号发生器 EDA 仿真电路类似，只是对不同时间信号需要选择合适的参数晶振和相关元件。

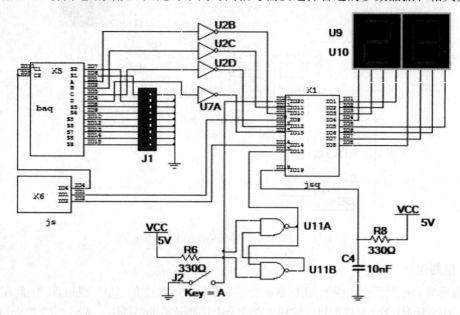

图 6.27 数码显示精密定时器的 EDA 仿真图

2）键盘编码电路

开关 J1、X5 和 X6 组成键盘编码电路，以设置定时时间。子电路 X5 和子电路 X6 的 EDA 仿真电路分别如图 6.28 和图 6.29 所示。

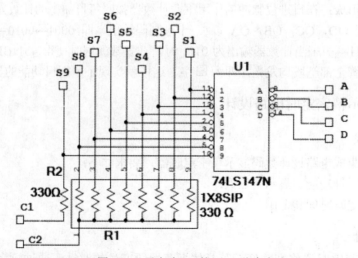

图 6.28 子电路 X5 的 EDA 仿真电路

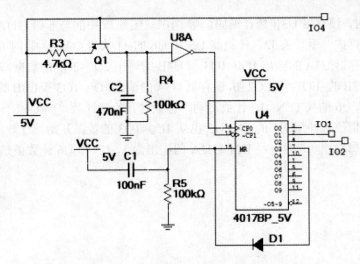

图 6.29 子电路 X6 的 EDA 仿真电路

3）锁存、计数电路

锁存、计数电路的 EDA 仿真电路如图 6.30 所示，图中锁存器 4508BD-5 V（包含 U3A 和 U3B），是 4D 锁存器，用于锁存键盘编码数据，U5 和 U6 是可逆计数器 74LS190。计数器 U6 的时钟来自时钟源，为了仿真方便，这里的信号源选用 5 V/100 Hz 的方波替代。

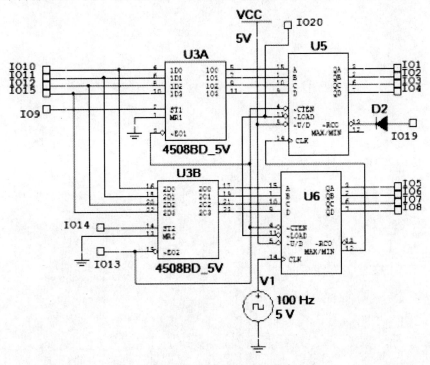

图 6.30 锁存、计数电路 EDA 仿真电路

数码显示精密定时器电路的工作过程为：当拨动开关 J1 的 S3 时，图 6.28 中的 74LS147 N 的 3 脚接地，3 被编码后从 DCBA 输出 BCD 反码，经过 U7A、U2B、U2C 和 U2D 反相为 BCD 原码；与此同时，图 6.29 中的 Q1 饱和导通，U8A 输出低电平给 U4 的 13 脚，U4 计数 1 次，U4 的 Q1=1 加到锁存器 U3A 的 ST1 端，锁存器 U3A 锁存编码信号 0011。同理，第 2

次拨动开关 S5 时，锁存器 U3B 锁存编码信号 0101。图 6.27 中的与非门 U11A 和 U11B 组成双稳态触发器，再按一下开关 J2，计数器 U5 和 U6 的 11 脚~LOAD 为瞬时 0，U5 和 U6 的 ABCD 端置入锁存器 U3A 的输出 1O0~1O3 和 U3B 的输出 2O0~2O3 的数据，开关 J2 断开后，锁存器 U3A 和 U3B 的~EO1 和~EO2=0，锁存器 U3A 的输出 1O0~1O3 和 U3B 的输出 2O0~2O3 呈高阻态；U5 和 U6 的~CTEN=0，计数启动。计数器开始减计数，当 U6 的计数至全 0 时，U6 的 12 脚送一借位脉冲至 U5 的 14，U5 也从 1O0~1O3 的数据开始减计数，当 U5 的计数也至全 0 时，13 脚输出负脉冲，经 D2，U11A 门输出为 1，U5 和 U6 计数被禁止，定时结束。

第7章 数字电路实验常用软件及器件

7.1 Multisim11 电路仿真

数字电路实验仿真是数字电路实验的重要环节，它不仅能加深学生对数字电路知识的理解和掌握，而且对学生方便快捷地验证数字逻辑关系的正确性、正确操作仪器仪表、观察电路仿真结果具有指导意义。NI 公司的 EDA 仿真软件 Multisim 就是其中的一种优秀仿真软件。

7.1.1 Multisim11 简介

Multisim11 是美国国家仪器有限公司（National Instrument，简称 NI 公司）下属的 Electronics Workbench Group 于 2010 年 1 月推出的以 Windows 为基础、符合工业标准的、具有 SPICE 最佳仿真环境的 NI 电路设计套件。该电路设计套件含有 Multisim11 和 Ultiboard11 两个软件，能够实现电路原理图的图形输入、电路硬件描述语言输入、电子线路和单片机仿真、虚拟仪器测试、多种性能分析、PCB 布局布线和基本机械 CAD 设计等功能。

Multisim 仿真软件自 20 世纪 80 年代问世以来，经过数个版本的升级，除保持操作界面直观、操作方便、易学易用等优点外，电路仿真功能也得到不断完善。目前的最新版本 Multisim11 主要有以下特点：

（1）直观的图形界面。Multisim11 仍保持原 EWB 图形界面直观的特点，电路仿真工作区就像一个电子实验工作台，放置元件和测试仪表均可直接拖放到屏幕上，点击鼠标可用导线将它们连接起来，虚拟仪器操作面板都与实物相似，甚至完全相同。可方便选择仪表测试电路波形或特性，可以对电路进行 20 多种电路分析，以帮助设计者分析电路的性能。

（2）丰富的元件。Multisim11 自带元件库中元件数量已超过 17 000 个，可以满足工科院校电子技术课程的要求。Multisim11 的元件库不但含有大量的虚拟分离元件、集成电路，还含有大量的实物元件模型，包括一些著名制造商（如 Analog Device、Linear Technologies、Microchip、National Semiconductor 以及 Texas Instruments 等）的元件模型。用户可以编辑这些元件参数，能利用模型生成器以及代码模式创建自己的元件。

（3）众多的虚拟仪表。Multisim11 提供 22 种虚拟仪器，这些仪器的设置和使用与真实仪表一样，能动态交互显示。用户还可以创建 LabVIEW 的自定义仪器，既能在 LabVIEW 图形环境中灵活升级，又可调入 Multisim11 中使用，很方便。

（4）完备的仿真分析。以 SPICE 3F5 和 Xspice 的内核作为仿真的引擎，能够进行 SPICE 仿真、RF 仿真、MCU 仿真和 VHDL 仿真。通过 Multisim11 自带的增强设计功能优化数字和混合模式的仿真性能，利用集成 LabVIEW 和 Signalexpress 可快速进行原型开发和测试设计，具有符合行业标准的交互式测量和分析功能。

（5）独特的虚实结合。在 Multisim11 电路仿真的基础上，NI 公司推出"教学实验室虚拟仪表套件（NI ELVIS）"，用户可以在 NI ELVIS 平台上搭建实际电路，利用 NI ELVIS 仪表完成实际电路的波形测试和性能指标分析。用户可以在 Multisim11 电路仿真环境中模拟 NI ELVIS 的各种操作，为实际 NI ELVIS 平台上搭建、测试实际电路打下良好的基础。NI ELVIS

仪表允许用户自定制并进行灵活的测量,还可以在 Multisim11 虚拟仿真环境中调用,以此完成虚拟仿真数据和实际测试数据的比较。

(6)强大的 MCU 模块。该模块可以完成 8051、PIC 单片机及其外部设备(如 RAM、ROM、键盘和 LCD 等)的仿真,支持 C 代码、汇编代码以及 16 进制代码,并兼容第三方工具源代码;具有设置断点、单步运行、查看和编辑内部 RAM、特殊功能寄存器等高级调试功能。

(7)简化了 FPGA 应用。在 Multisim11 电路仿真环境中搭建数字电路,通过测试功能正确后,执行菜单命令将之生成原始 VHDL 语言,有助于初学 VHDL 语言的用户对照学习 VHDL 语句。用户可以将其 VHDL 文件应用到现场可编程门阵列(FPGA)硬件中,从而简化了 FPGA 的开发过程。

7.1.2 Multisim11 用户界面

在完成 Multisim11 软件的安装后,便可以在 Windows 窗口单击"开始"\所有程序\National Instruments\Circuit Design Suite 11.0\Multisim11.0,打开安装好的应用程序,进行所需的电路仿真、电路分析和综合等;或者双击 图标,系统便开始启动 Multisim11 软件。Multisim11 用户界面如图 7.1 所示,其中包括菜单栏、快捷工具栏、元件栏、仿真开关、电路仿真工作区、仪表栏、电路元件属性视窗等,实际上就相当于一个虚拟电子实验平台。

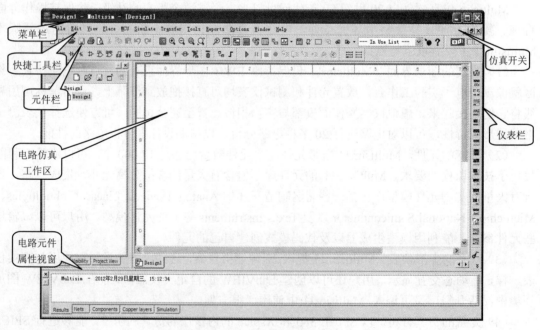

图 7.1 Multisim11 用户界面

Multisim11 的菜单栏包括文件操作、文本操作、放置元器件等 12 个选项,如图 7.2 所示。

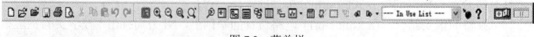

图 7.2 菜单栏

(1)File 菜单:用于 Multisim11 所创建电路文件的管理,其命令与 Windows 中其他应用软件基本相同。Multisim11 主要增强了 Project 的管理,其相关命令功能如下:

- New Project…：新建一个项目文件，新建的项目文件含有电路图、印刷电路板、仿真、文件、报告等5个文件夹，可以将工作的文件分门别类存放，便于管理；
- Open Project…：打开一个项目文件；
- Save Project：保存一个项目文件；
- Close Project：关闭一个项目文件；
- Pack Project…：压缩一个项目文件；
- Unpack Project …：解压一个项目文件；
- Upgrade Project：更新一个项目文件；
- Version Control：版本控制。

（2）Edit 菜单：主要对电路窗口中的电路或元件进行删除、复制或选择等操作。其中 Undo、Redo、Cut、Copy、Paste、Delete、Find 和 Select All 等命令与其他应用软件基本相同，在此不再赘述；其余命令的主要功能如下：

- Paste Special：此命令不同于 Paste 命令，而是将所复制的电路作为子电路进行粘贴；
- Delete Multi-Page：删除多页面电路文件中的某一页电路文件；
- Merge Selected Buses：合并所选择的总线；
- Graphic Annotation：图形的设置；
- Order：转换图层；
- Assign to Layer：指定图层；
- Layer Settings：添加图层；
- Orientation：改变元件放置方向（上下翻转、左右翻转或旋转）；
- Title Block Position：改变标题栏在电路仿真工作区的位置；
- Edit Symbol/Title Block：编辑标题栏；
- Font…：改变所选择对象的字体；
- Comment：修改所选择的注释；
- Forms/Questions：疑问；
- Properties：显示所选择对象的属性。

（3）View 菜单：用于显示或隐藏电路窗口中的某些内容（如工具栏、栅格、纸张边界等）。其中各命令的功能如下：

- Full Screen：全屏显示电路仿真工作区；
- Parent Sheet：返回到上一级工作区；
- Zoom In：放大电路窗口；
- Zoom Out：缩小电路窗口；
- Zoom Area：放大所选择的区域；
- Zoom Fit to Page：显示整个页面；
- Zoom to Magnification…：以一定的比例显示页面；
- Show Grid：显示或隐藏栅格；
- Show Border：显示或隐藏电路的边界；
- Show Print Page Border：显示或隐藏打印时的边界；
- Ruler Bars：显示或隐藏标尺；
- Status Bar：显示或隐藏状态栏；

- ➢ Design Toolbox：显示或隐藏设计工具盒；
- ➢ Spreadsheet View：显示或隐藏电子表格视窗；
- ➢ SPICE Netlist Viewer：显示或隐藏 SPICE 网表视窗；
- ➢ Desription Box：显示或隐藏电路窗口的描述窗，利用此窗口可以添加电路的某些信息（如电路的功能描述等）；
- ➢ Toolbars：显示或隐藏快捷工具；
- ➢ Show Comment/Probe：常显或鼠标经过时显示注释；
- ➢ Grapher：显示或隐藏仿真结果的图表。

（4）Place 菜单：用于在电路窗口中放置元件、节点、总线、文本或图形等。其中各命令的功能如下：

- ➢ Component…：放置元件；
- ➢ Junction：放置节点；
- ➢ Wire：放置导线；
- ➢ Bus：放置总线；
- ➢ Connectors：给子电路或分层模块内部电路添加所需的电路连接器；
- ➢ New Hierarchical Block…：建立一个新的分层模块（此模块是只含有输入、输出节点的空白电路）；
- ➢ Hierarchical Block from File…：调用一个*.mp11 文件，并以子电路的形式放入当前电路中；
- ➢ New Subcircuit…：创建一个新子电路；
- ➢ Replace by Subcircuit…：用一个子电路替代所选择的电路；
- ➢ New PLD Subcircuit…：创建一个新 PLD 子电路；
- ➢ New PLD Hierarchical Block…：创建一个新 PLD 电路；
- ➢ Multi-Page…：增加多页电路中的一个电路图；
- ➢ Bus Vector Connect…：放置总线矢量连接；
- ➢ Comment：放置注释；
- ➢ Text：放置文本；
- ➢ Graphics：放置直线、折线、长方形、椭圆、圆弧、多变形等图形；
- ➢ Title Block…：放置一个标题栏。

（5）MCU 菜单：提供 MCU 调试的各种命令。其中各命令的功能如下：

- ➢ No Component MCU：尚未创建 MCU 器件；
- ➢ Debug View Format：调试格式；
- ➢ MCU Windows…：显示 MCU 各种信息窗口；
- ➢ Show Line Numbers：显示线路数目；
- ➢ Pause：暂停；
- ➢ Step Into：进入；
- ➢ Step Over：跨过；
- ➢ Step Out：离开；
- ➢ Run to Cursor：运行到指针；
- ➢ Toggle Breakpoint：设置断点；

- Remove All Breakpoints：取消所有断点。

（6）Simulate 菜单：主要用于仿真的设置与操作。其中各命令的功能如下：
- Run：启动当前电路的仿真；
- Pause：暂停当前电路的仿真；
- Instruments：在当前电路窗口中放置仪表；
- Interactive Simulation Settings：仿真参数设置；
- Mixed-Mode Simulation Settings：混合模式仿真参数设置；
- NI ELVIS Ⅱ Simulation Settings：NI ELVIS Ⅱ仿真参数设置；
- Analyses：对当前电路进行电路分析选择；
- Postprocessor：对电路分析进行后处理；
- Simulation Error Log/Audit Trail：仿真错误记录/审计追踪；
- Xspice Command Line Interface：显示 Xspice 命令行窗口；
- Load Simulation Settings：加载仿真设置；
- Save Simulation Settings：保存仿真设置；
- Auto Fault Option：设置电路元件发生故障的数目和类型；
- Dynamic Probe Properties：动态探针属性；
- Reverse Probe Direction：探针方向反向；
- Clear Instrument Data：清除仪表数据；
- Use Tolerances：使用元件容差值。

（7）Transfer 菜单：用于将 Multisim11 的电路文件或仿真结果输出到其他应用软件。其中各命令的功能如下：
- Transfer to Ultiboard：转换到 Ultiboard11.0 或低版本的 Ultiboard；
- Forward Annotate to Ultiboard：将 Mutisim11 中电路元件注释的变动传送 Ultiboard 11.0 或低版本的 Ultiboard 的电路文件中，使 PCB 的元件注释也做相应的变化；
- Backannotate from file...：将 Ultiboard 11.0 中电路元件注释的变动传送到 Mutisim 11.0 的电路文件中，使电路图中元件注释也做相应的变化；
- Transfer to other PCB Layout file：产生其他印刷电路板设计软件的网表文件；
- Export Netlist…：输出网表文件；
- Highlight Selection in Ultiboard：对所选择的元件在 Ultiboard 电路中以高亮度显示。

（8）Tools 菜单：用于编辑或管理元件库或元件。其中各命令的功能如下：
- Component Wizard：创建元件向导；
- Database：元件库；
- Circuit Wizards：创建电路向导；
- SPICE Netlist Viewer：对 SPICE 网表视窗中的网表文件进行保存、选择、复制、打印、再次产生等操作；
- Rename/Renumber Components：元件重命名或重编号；
- Replace Components：替换元件；
- Update Circuit Components：更新电路元件；
- Update HB/SC Symbol：在含有子电路的电路中，随着子电路的变化改变 HB/SB 连接器的标号；

- Electrical Rulers Check：电气特性规则检查；
- Clear ERC Markers：清除 ERC 标志；
- Toggle NC Marker：绑定 NC 标志；
- Symbol Editor：符号编辑器；
- Title Block Editor：标题栏编辑器；
- Description Box Editor：描述框编辑器；
- Capture Screen Area：捕获屏幕区域；
- Show Breadboard：显示虚拟面板；
- Online Design Resource：在线设计资源；
- Education Web Page：教育网页。

（9）Reports 菜单：产生当前电路的各种报告。其中各命令的功能如下：
- Bill of Materials：产生当前电路的元件清单文件；
- Component Detail Report：产生特定元件存储在数据库中的所有信息；
- Netlist Report：产生含有元件连接信息的网表文件；
- Cross Reference Report：元件交叉对照表；
- Schematic Statistics：电路图元件统计表；
- Spare Gates Report：空闲门统计报告。

（10）Options 菜单：用于定制电路的界面和某些功能的设置。其中各命令的功能如下：
- Global Preferences…：全局参数设置；
- Sheet Properties：电路工作区属性设置；
- Global Restrictions…：利用口令，对其他用户设置 Multisim11 某些功能的全局限制；
- Circuit Restrictions…：利用口令，对其他用户设置特定电路功能的全局限制；
- Simplified Version：简化版本；
- Lock Toolbars：锁定工具条；
- Customize User Interface：对 Multisim11 用户界面进行个性化设计。

（11）Windows 菜单：用于控制 Mulitisim 11 窗口显示的命令，并列出所有被打开的文件。其中各命令的功能如下：
- New Window：新开窗口；
- Close：关闭窗口；
- Close All：关闭所有窗口；
- Cascade：电路窗口层叠；
- Title Horizontal：窗口水平排列；
- Title Vertical：窗口垂直排列；
- Next Window：下一个窗口；
- Previous Window：前一个窗口。

（12）Help 菜单：为用户提供在线技术帮助和使用指导。其中各命令的功能如下：
- Help：Multisim11 的帮助文档；
- Component Reference：元件帮助文档；
- NI ELVISmx 4.0 Help：NI ELVIS 的帮助文档；
- Find Examples…：查找范例。即用户可以使用关键词或按主题快速、方便浏览、定位范例文件；
- Patents：专利说明；
- Release Notes：版本说明；
- File Information：文件信息；
- About Multisim…：有关 Multisim11 的说明。

7.1.3 Multisim11 的基本操作

1. 仿真电路界面的设置

运行 Multisim11，软件自动打开一个空白的电路窗口，它是用户创建仿真电路的工作区域。Multisim11 允许用户设置符合自己个性的电路窗口，其中包括界面的大小、网格、页边框、纸张边界和标题框是否可见以及符号标准等。设置仿真电路界面的目的是方便电路图的创建、分析和观察。

1）设置工作区的界面参数

执行菜单命令 Options\Sheet Properties，就会弹出 Sheet Properties 对话框，选择 Workspace 标签（如图 7.3 所示），用于设置工作区的图纸大小、显示等参数。

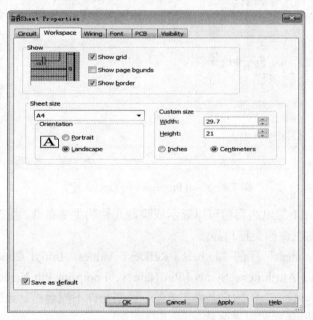

图 7.3 Workspace 标签

（1）Multisim11 的工作区中可以显示或隐藏背景网格、页边界和边框。更改了设置的工作区的示意图在选项栏的左侧预览窗口显示。

- 选中"show grid"选项，工作区将显示背景网格，便于用户根据背景网格对元器件定位；
- 选中"show page bounds"选项，工作区将显示纸张边界，纸张边界决定了界面的大小，为电路图的绘制限制了一个范围；
- 选中"show bounder"选项，工作区将显示电路图的边框，该边框为电路图的提供一个标尺。

（2）从"Sheet size"下拉列表框中选择电路图的图纸大小和方向，软件提供了 A、B、C、D、E、A4、A3、A2、A1 和 A0 等 10 种标准规格的图纸，并可选择尺寸单位为英寸（Inches）或厘米（Centimeters）。若用户想自定义图纸大小，可在 Custom size 区选择所设定纸张宽度（Width）和高度（Height）的单位。在"Orientation"选项组内可设定图纸方向：Portrait（纵向）或 Landscape（横向）。

2）设置电路图和元器件参数

执行菜单命令 Options\Sheet Properties，就会弹出 Sheet Properties 对话框，选择 Circuit 标签（如图 7.4 所示），用于设置电路图和元器件参数的显示属性。

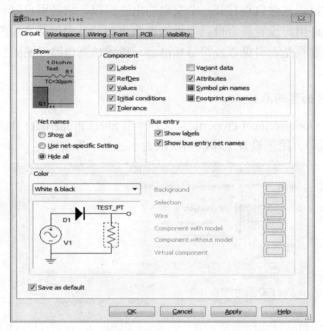

图 7.4 Sheet Properties 的 Circuit 标签

（1）在 Multisim11 的电路窗口可以显示或隐藏元件的主要参数。更改了设置的电路窗口的示意图在选项栏的左侧预览窗口显示。

- 选中"Component"区的"Labels、RefDes、Values、Initial Conditions、Tolerance、Variant Data、Attributes、Symbol Pin Names、Footprint Pin Names"分别用来显示元器件的编号、数值、初始化条件、公差、可变元件不同数据、元件属性、元件符号引脚名称、元器件封装引脚名称。
- 选中"Net names"区的"Show All、Use Net-specific Setting、Hide All"分别用来显示节点全显示、设置部分特殊节点显示、节点全隐藏。
- 选中"Bus Entry"区的"Show Labels、Show bus entry net names"选项分别用来选择显示总线标志、显示总线的接入线名称。

（2）从"Color"区的下拉菜单中选取一种预定的配色方案或用户自定义配色方案对电路图的背景、导线、有源器件、无源器件和虚拟器件进行颜色配置。

- Black Background：软件预置的黑色背景/彩色电路图的配色方案；
- White Background：软件预置的白色背景/彩色电路图的配色方案；

- ➢ White & Black：软件预置的白色背景/黑色电路图的配色方案；
- ➢ Black & White：软件预置的黑色背景/白色电路图的配色方案；
- ➢ Custom：用户自定义配色方案。

3）设置电路图的连线、字体及 PCB 参数

执行菜单命令 Options\Sheet Properties，就会弹出 Sheet Properties 对话框，选择 Wiring 标签、Font 标签、PCB 标签及 Visibility 标签，可以分别设置电路图的连线、字体及 PCB 的参数。

（1）选择 Wiring 标签，设置电路导线的宽度和总线的宽度。
- ➢ Wire width 区：设置导线的宽度。左边是设置预览，右边是导线宽度设置，可以输入 1～15 之间的整数，数值越大，导线越宽。
- ➢ Bus width 区：设置总线的宽度。左边是设置预览，右边是导线宽度设置，可以输入 3～45 之间的整数，数值越大，导线越宽。

（2）选择 Font 标签，选置元件的参考序号、大小、标识、引脚、节点、属性和电路图等所用文本的字体。其设置方法与 Windows 操作系统相似，在此不再赘述。

（3）选择 PCB 标签主要用于 PCB 一些参数的设置。
- ➢ Ground Option 区：对 PCB 接地方式进行选择。选择 Connect digital ground to analog 项，则在 PCB 中将数字接地和模拟接地连在一起，否则分开。
- ➢ Unit Setting 区：选择图纸尺寸单位，软件提供了 mil、inch、nm 和 mm 四种标准单位。
- ➢ Copper Layer 区：对电路板的层数进行选择，右边是设置预览，左边是电路板的层数设置。其中 Layer Pairs 为双层添加，添加范围为 1～32 之间的整数，数值越大，层数越多；Single layer stack-up 为单层添加，添加范围为 1～32 之间的整数，数值越大，层数越多。

（4）选择 Visibility 标签，主要用于自定义选项的设置。
- ➢ Fixed layers 区：软件已有选项，如 Labels、RefDes、Values 等；
- ➢ Custom layers 区：用户通过 Add、Delete、Rename 按钮添加、删除、重命名用户自己希望的选项。

4）设置放置元器件模式及符号标准

执行菜单命令 Options\Global Preferences，就会弹出 Global Preferences 对话框，选择 Part 标签，可选择元器件模式及符号标准，如图 7.5 所示。

（1）Multisim11 允许用户在电路窗口中使用美国元器件符号标准或欧洲元器件符号标准。在"Symbol standard"选项组内选择，其中 ANSI 为美国标准，DIN 为欧洲标准。

（2）从"Place component mode"选项组内选择元器件放置模式。
- ➢ 选中"Return to Component Browser after placement"，则放置一个元器件后自动返回元器件浏览窗口；
- ➢ 选中"Place single component"复选框，放置单个元器件；
- ➢ 选中"Continuous placement for multi-section Part only[ESC to quit]"复选框，则放置单个元器件，但是对集成元件内相同模块可以连续放置，按 ESC 键停止；
- ➢ 选中"Continuous placement [ESC to quit] 复选框，连续放置元器件，按 ESC 键停止。

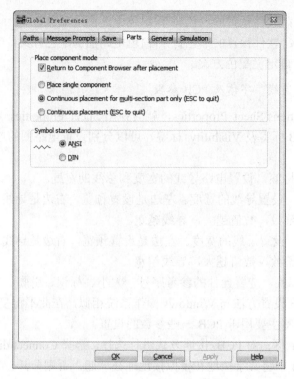

图 7.5 Global Preferences 界面

5）设置文件路径及保存

执行菜单命令 Options\Global Preferences，就会弹出 Global Preferences 对话框，选择 Paths 标签，设置电路图的路径、数据文件存路径及用户设置文件的路径；选择 Save 标签，设置文件保存的方式。

6）设置信息提示及仿真模式

（1）执行菜单命令 Options\Global Preferences，就会弹出 Global Preferences 对话框，选择 Message prompts 标签，设置是否显示电路连接出错告警、SPICE 网表文件连接出错告警等信息。

（2）执行菜单命令 Options\Global Preferences，在 Global Preferences 对话框中选择 Simulation 标签，设置电路仿真模式。

> 从"Netlist errors"选项组内当网络连接出错或告警时的三个选项"告诉用户、取消仿真或继续仿真"中任选一项；
> 从"Graphs"选项组内缺省状态时曲线及仪表的颜色两个选项"黑色、白色"中任选一项；
> 从"Positive phase shift direction"选项组内仿真曲线移动方向"向左移动、向右移动"中任选一项。

2．元器件库

电路是由不同的元件组成，要对电路进行仿真，组成电路的每个元件必须有自己的仿真模型，Multisim11 仿真软件把有仿真模型的元件组合在一起构成元器件库，它提供了 Master Database（厂商提供的元器件库）、Corporate Database（特定用户向厂商索取的元器件库）和 User Database（用户定义的元件库）3 种元件库，每个库中放置同一类型的元器件，在取用其中某一个元器件符号时,实质上是调用了该元器件的数学模型。Multisim11 的默认元件库为 Master Database 元件库,这也是最常用的元件库。Master Database 元件工具栏图标如图 7.6 所示,从左至右分别是:电源/信号源库(Source)、基本元件库(Basic)、二极管库(Diode)、晶体管库(Transistor)、模拟集成电路库(Analog)、TTL 元件库(TTL)、CMOS 元件库(CMOS)、混杂数字器件库(Miscellaneous Digital)、数模混合库(Mixed)、指示元件库(Indicator)、电源器件库(Power Component)、其他元件库(Miscellaneous)、高级外设元器件库(Advanced Peripherals)、射频元件库(RF)、机电类元件库(Electromechanical)、NI 库(NI Component)和微控制器库(MCU)。

图 7.6　Master Database 元件工具栏图标

1)电源库/信号源库

电源库/信号源库有 7 个系列,分别是电源(POWER_SOURCES)、电压信号源(SIGNAL_VOLTAGE_SOURCES)、电流信号源(SIGNAL_CURRENT_SOURCES)、函数控制模块(CONTROL_FUNCTION_BLOCKS)、受控电压源(CONTROLLED_VOLTAGE_SOURCES)和受控电流源(CONTROLLED_CURRENT_SOURCES)和数字信号源(DIGITAL_SOURCE)。每一系列又含有许多电源或信号源,考虑到电源库的特殊性,所有电源皆为虚拟组件。在使用过程中要注意以下几点:

(1)交流电源所设置电源的大小皆为有效值。

(2)直流电压源的取值必须大于零,其大小可以从 1 μV 到 1 kV,且没有内阻,如果它与另一个直流电压源或开关并联使用,就必须给直流电压源串联一个的电阻。

(3)许多数字器件没有明确的数字接地端,但必须接上地才能正常工作。

(4)地是一个公共的参考点,电路中所有的电压都是相对于该点的电位差。在一个电路中,一般来说应当有一个且只能有一个地。在 Multisim11 中,可以同时调用多个接地端,但它们的电位都是 0 V。并非所用电路都需接地,但下列情形应考虑接地:

➢ 运算放大器、变压器、各种受控源、示波器、波特图仪和函数发生器等必须接地;对于示波器,如果电路中已有接地,示波器的接地端可不接地。

➢ 含模拟和数字元件的混合电路必须接地。

2)基本元件库

基本元件库有 18 个系列,分别是基本虚拟器件(BASIC_VIRTUAL)、设置额定值的虚拟器件(RATED_ VIRTUAL)、电阻(RESISTOR)、排阻(RESISTOR PACK)、电位器(POTENTIONMETER)、电容(CAPACITOR)、电解电容(CAP_ELECTROLIT)、可变电容(VARIABLE CAPACITO)、电感(INDUCTOR)、可变电感(VARIABLE INDUCTOR)、开关(SWITCH)、变压器(TRANSFORMER)、非线性变压器(NONLINEAR TRANSFORMER)、继电器(RELAY)、连接器(CONNECTOR)和插座(SOCKET)等。每一系列又含有各种具体型号的元件。

3)二极管库

Multisim11 提供的二极管库中有虚拟二极管(DIODE_VIRTUAL)、二极管(DIODE)、

齐纳二极管（ZENER）、发光二极管（LED）、全波桥式整流器（FWB）、可控硅整流器（SCR）、双向开关二极管（DIAC）、三端开关可控硅开关（TRIAC）变容二极管（VARACTOR）和 PIN 二极管（PIN_DIODE）等。

4）晶体管库

晶体管库将各种型号的晶体管分成 20 个系列，分别是虚拟晶体管（BJT_NPN_VIRTUAL）、NPN 晶体管（BJT_NPN）、PNP 晶体管（BJT_PNP）、达灵顿 NPN 晶体管（DARLINGTON_NPN）、达灵顿 PNP 晶体管（DARLINGTON_PNP）、达灵顿晶体管阵列（DARLINGTON_ARRAY）、含电阻 NPN 晶体管(BJT_NRES)、含电阻 PNP 晶体管(BJT_PRES)、BJT 晶体管阵列（ARRAY）、(IGBT) 绝缘栅双极型晶体管、三端 N 沟道耗尽型 MOS 管（MOS_3TDN）、三端 N 沟道增强型 MOS 管（MOS_3TEN）、三端 P 沟道增强型 MOS 管（MOS_3TEP）、N 沟道 JFET（JFET_N）、P 沟道 JFET（JFET_P）、N 沟道功率 MOSFET（POWER_MOS_N）、P 沟道功率 MOSFET（POWER_MOS_P）、单结晶体管（UJT）、MOSFET 半桥（POWER_MOS_COMP）和热效应管（THERMAL_MODELS）等系列。每一系列又含有具体型号的晶体管。

5）模拟集成元件库

模拟集成元件库（Analog）含有 6 个系列，分别是模拟虚拟器件（ANALOG_VIRTUAL）、运算放大器（OPAMP）、诺顿运算放大器（OPAMP_NORTON）、比较器（COMPARATOR）、宽带放大器（WIDEBAND_AMPS）和特殊功能运算放大器（SPECIAL_FUNCTION）等。每一系列又含有若干具体型号的器件。

6）TTL 元件库

TTL 元件库含有 9 个系列，分别是 74STD、74STD_IC、74S、74S_IC、74LS、74IS_IC、74F、74ALS 和 74AS 等。每一系列又含有若干具体型号的器件。

7）CMOS 元件库

CMOS 元件库含有 14 个系列，分别是 CMOS_5V、CMOS_5V_IC、CMOS_10V_IC、CMOS_10V、CMOS_15V、74HC_2V、74HC_4V、74HC_4V_IC、74HC_6V、Tiny_logic_2V、Tiny_logic_3V、Tiny_logic_4V、Tiny_logic_5V 和 Tiny_logic_6V。

8）混合器件库

混合器件库含有 5 个系列，分别是虚拟混合器件库（Mixed_Virtual）、模拟开关（Analog_Switch）、定时器（Timer）、模数_数模转换器（ADC_DAC）和单稳态器件（MultiviBrators）。每一系列又含有若干具体型号的器件。

9）指示器件库

指示器件库含有 8 个系列，分别是电压表(Voltmeter)、电流表(Ammeter)、探测器(Probe)、蜂鸣器（Buzzer）、灯泡（Lamp）、十六进制计数器（Hex Display）、条形光柱（Bar Graph）等。部分元件系列又含有若干具体型号的指示器。在使用过程中要注意以下几点：

（1）电压表、电流表比万用表有更多的优点：一是电压表、电流表的测量范围宽；二是电压表、电流表在不改变水平放置的情况下，可以改变输入测量端的水平、垂直位置，以适应整个电路的布局。电压表的典型内阻是为 1 MΩ，电流表的默认内阻为 1 mΩ，还可以通过其属性对话框设置内阻。

(2) 对于电压表、电流表，要注意：
- 所显示的测量值是有效值；
- 在仿真过程中改变了电路的某些参数，要重新启动仿真再读数；
- 电压表内阻设置过高或电流表内阻设置过低，会导致数学计算的舍入误差。

10) 电源器件库

电源器件库含有 5 个系列，分别是 BASSO_SMPS_AUXILIARY、BASSO_SMPS_CORE、FUSE、VOLTAGE_SUPPRESSOR 和 VOLTAGE_REFFERENCE 等。每一系列又含有若干具体型号的器件。

11) 其他元器件库

Multisim11 把不能划分为某一具体类型的器件另归一类，称为其他器件库。其他元器件库含有混合虚拟元器件（MISC_VIRTUAL）、转换器件（TRANSDUCERS）、光耦（OPTOCUPLER）、晶体（Crystal）、真空管（Vacuum Tube）、开关电源降压转换器（Buck_Converter）、开关电源升压转换器（Boost_Converter）、开关电源升降压转换器（Buck_Boost_Converter）、有损耗传输线（Lossy_Transmission_Line）、无损耗传输线 1（Lossless_Line_Type1）、无损耗传输线 2（Lossless_Line_Type2）、滤波器模块(FILERS)和网络（Net）等 14 个系列。每一系列又含有许多具体型号的器件。在使用过程中要注意以下几点：

(1) 具体晶体型号的振荡频率不可改变。

(2) 保险丝是一个电阻性的器件，当流过电路的电流超过最大额定电流时，保险丝熔断。对交流电路而言，所选择保险丝的最大额定电流是电流的峰值，不是有效值。保险丝熔断后不能恢复，只能更换。

(3) 用零损耗的有损耗传输线 1 来仿真无损耗的传输线，仿真的结果会更加准确。

12) 高级外设元器件库

高级外设元器件库含有键盘（KEYPADS）、液晶显示器（LCDS）、模拟终端机（TERMINALS）、模拟外围设备（MISC_PERIPHERALS）等 4 个系列元器件。

13) 射频器件库

射频器件库含有射频电容（RF_Capacitor）、射频电感（RF_Inductor）、射频 NPN 晶体管（RF_Transistor_NPN）、射频 PNP 晶体管（RF_Transistor_PNP）、射频 MOSFET（RF_MOS_3TDN）、铁素体珠（FERRITE_BEAD）、隧道二极管（Tunnel_Diode）和带状传输线（Strip_line）等 8 个系列元器件。

14) 机电器件库

机电器件库含有感测开关（Sensing_Switches）、瞬时开关（Momentary_Switches）、附加触点开关（Supplementary_Contacts）、定时触点开关（Timed_Contact）、线圈和继电器（Coils_Relays）、线性变压器（Line_Transformer）、保护装置（Protection_Devices）和输出装置（Output_Devices）等 8 个系列。每一系列又含有若干具体型号的器件。

15) NI 库

NI 库含有 NI 定制的 GENERIC_CONNECTOR（NI 定制通用连接器）、M_SERIES_DAQ（NI 定制 DAQ 板 M 系列串口）、sbRIO（NI 定制可配置输入输出的单板连接器）、CRIO（NI

定制可配置输入输出紧凑型板连接器）4个系列元器件。

16）微控制器库

微控制器库含有805x 单片机（8051及8052）、PIC 单片机（PIC16F84及PIC16F84A）、随机存储器（RAM）和只读存储器（ROM）等4个系列元器件。

关于元器件的详细功能描述可查看 Multisim11 仿真软件自带的 Compref.pdf 文件，也可以查看 Multisim11 的帮助文件。

3. 元器件操作

1）元器件的选用

元器件选用就是将所需的元器件从元器件库中选择后放入电路窗口中。

（1）从元件栏选取：选用元器件时，首先在图7.6所示的元件工具栏中单击包含该元器件的图标，弹出元器件库浏览窗口，如图7.7所示；然后选中该元器件，单击 OK 按钮即可。

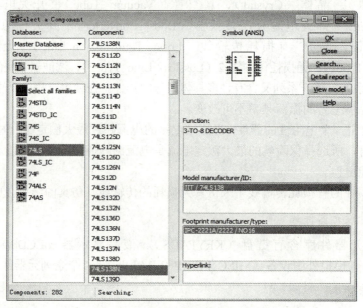

图7.7 元器件库浏览窗口

（2）使用放置元件命令选取：执行 Multisim11 用户界面 Place\Component...命令，就会弹出图7.7所示的元器件库浏览窗口，按照元器件分类来查找合适元器件；也可利用图7.7所示的元器件库浏览窗口中的"Search..."查找命令选取元件。

（3）从 In User List 中选取元件：在 Multisim11 的用户界面中，在 In User List 中列出了当前电路中已经放置的元件，如果使用相同的元件，可以直接从 In User List 的下拉菜单中选取，选取元件的参考序号自动加1。

2）元器件的放置

选中元器件后，单击 OK 按钮，图7.7所示的元器件库浏览窗口消失，被选中的元器件的影子跟随光标移动，说明元器件（如二极管）处于等待放置的状态，如图7.8所示。移动光标，用鼠标拖曳该元器件到电路窗口的适当地方即可。

图 7.8 元器件的影子随鼠标移动

3）元器件的选中

在连接电路时，对元器件进行移动、旋转、删除、设置参数等操作时，就需要选中该元器件。要选中某个元器件，可使用鼠标单击该元器件；若要选择多个元器件，则先按 Ctrl 键再单击元器件，就可以选中该元器件。被选中的元器件以虚线框显示，便于识别。

4）元器件的复制、移动、删除

要移动一个元器件，只要拖曳该元器件即可。要移动一组元器件，必须先选中这些器件，然后拖曳其中任意一个元器件，则所有选中的元器件就会一起移动。元器件移动后，与其连接的导线会自动重新排列。也可使用箭头键使选中的元器件做最小移动。

被选中的元器件可以单击右键执行 Cut、Copy、Paste、Delete 或执行 Edit\Cut、Edit\Copy、Edit\Paste、Edit»Delete 等菜单命令实现元器件的复制、删除等操作。

5）元器件旋转与反转

为了使电路的连接、布局合理，常常需要对元器件进行旋转和反转操作。可先选中该元器件，然后使用工具栏的"旋转"、"垂直反转"、"水平反转"等按钮，或单击右键选择"旋转"、"垂直反转"、"水平反转"等命令完成具体操作。

6）设置元器件属性

为了使元器件的参数符合电路要求，有必要修改元器件属性。在选中元器件后，选中的元器件可以单击右键执行 Properties 命令或执行 Edit\Properties 命令，会弹出相关的对话框（如图 7.9 所示），可供输入数据。

图 7.9 元器件属性对话框

该属性对话框有 7 个标签，分别是 Label、Display、Value、Fault、Pins、Variant 和 User fields。

（1）Label（标识）标签：用于设置元器件的标识和编号（RefDes）。标识是指元器件在电路图中的标记，如电阻 R1、晶体管 Q1 等；编号（RefDes）由系统自动分配，必要时可以修改，但必须保证编号的唯一性。

（2）Display（显示）标签：用于设置元器件显示方式。若选中该标签的"Use schematic global setting"选项，则元器件显示方式的设置由 Options 菜单中的 Sheet Properties 对话框设置确定；反之，可自行设置"Labels、RefDes、Values、Initial Conditions、Tolerance、Variant Data、Attributes、Symbol Pin Names、Footprint Pin Names"中的选项是否需要显示。

（3）Value（数值）标签：用于设置元器件数值参数。通过 Value 标签，可以修改元器件参数。也可以按 Replace 按钮，软件弹出图 7.7 所示的元器件库浏览窗口，重新选择元器件。

（4）Fault（故障）标签：用于人为设置元器件隐含故障。例如，在晶体三极管的故障设置对话框中，E、B、C 为与故障设置有关的引脚号，对话框提供 None（无故障器件正常）、Short（短路）、Open（开路）、Leakage（漏电）4 种选择。如果选择 E 和 B 引脚 Open（开路），尽管该三极管仍连接在电路图中，但实际上隐含了开路故障，这可为电路的故障分析提供方便。

7）设置元器件颜色

在复杂电路中，可以将元器件设置为不同的颜色。要改变元器件的颜色，可用鼠标指向该元器件，单击右键执行 Chang Color...命令,软件会弹出图 7.10 所示的 Colors 对话框，从 Standard 标签中为元器件选择所需的颜色，单击 OK 按钮即可。也可从 Custom 标签中为元器件自定义颜色。

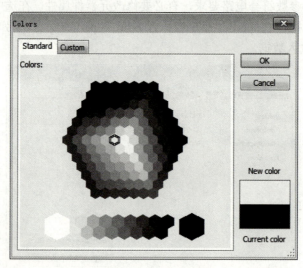

图 7.10　Colors 对话框

4．导线的连接

把元器件在电路窗口放好以后，就需要用线把它们按照一定顺序连接起来，构成完整的电路图。

1）单根导线的连接

在两个元器件之间，先将鼠标指针指向一个元器件的端点使其出现一个小圆点，再按下鼠标左键并拖曳出一根导线，拉住导线并指向另一个元器件的端点使其出现小圆点，释放鼠标左键，则导线连接完成。连接完成后，导线将自动选择合适的走向，不会与其他元器件或仪器发生交叉。

若鼠标在电路窗口移动时，若需在某一位置人为地改变线路的走向，则单击鼠标左键，那么在此之前的连线就被确定下来，不随着鼠标以后的移动而改变位置，并且在此位置，可通过移动鼠标的位置，改变连线的走向。

2）导线的删除与改动

将鼠标指针指向元器件与导线的连接点使出现一个圆点，按下鼠标左键拖曳该圆点使导线离开元器件端点，释放左键，导线自动消失，完成连线的删除。也可选中要删除的连线，单击 Delete 键或单击右键执行 Delete 命令删除连线。

若按下鼠标左键拖曳该圆点移开的导线连至另一个接点，则实现连线的改动。

3）在导线中插入元器件

将元器件直接拖曳在导线上，然后释放即在导线中可插入元器件。

4）改变导线的颜色

在复杂的电路中，可以将导线设置为不同的颜色。选中要改变导线的颜色，单击右键执行 Chang Color...命令或单击右键执行 Color Segment...命令软件，会弹出图 8.10 所示的 Colors 对话框，从中选择所需的导线颜色，单击 OK 按钮即可。

5）连线轨迹的调整

如果对已经连好的导线轨迹不满意，可调整导线的位置。具体方法是：首先将鼠标指向欲调整的导线并点击鼠标左键选中此导线，被选中连线的两端和中间拐弯处变成方形黑点，此时放在导线上的鼠标指针也变成一个双向箭头，如图 7.11 所示；然后按住鼠标左键移动，就可改变导线的位置。

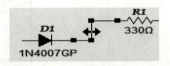

图 7.11　连线轨迹的调整

6）连接点的使用

（1）放置连接点：连接点是一个小圆点，执行菜单命令 Place\Place Junction 可以放置连接点。一个连接点最多可以连接来自 4 个方向的导线。

（2）从连接点连线：将鼠标移到连接点处，鼠标指针就会变成一个中间有黑点的十字标，单击鼠标左键，移动鼠标就可开始一条新连线的连接。

（3）连接点编号：在建立电路图的过程中，Multisim11 会自动为每个连接点添加一个序号。为了使序号符合工程习惯，有时需要修改这些序号，具体方法是：双击电路图的连线，就会弹出图 7.12 所示的连接点设置对话框。通过 Preferred net name 条形框，就可修改连接点序号。

7）放置总线

总线（Bus）就是一组用来连接一组引脚和另一组引脚的连线。在建立电路图时，经常会遇到一组性能相同导线的连接,如数据总线、地址总线等,当这些连接增多或距离加长时,就会使人难以分辨。如果采用总线,总线两端分别用单线连接,构成单线-总线-单线的连接方式,就会使建立的电路图简单明了。

放置总线的基本步骤为:

(1) 在 Multisim11 用户界面中,执行 Place\Bus 命令或在电路窗口空白处单击鼠标右键,在弹出的菜单中执行 Place Bus 命令。

(2) 移动鼠标到合适的位置,单击鼠标左键,也就确定了总线的起点。

(3) 移动鼠标,就会在电路窗口中画一条黑粗线。

(4) 在总线终点处,双击鼠标左键,就会完成一条总线的放置。

(5) 从元件的引脚处连接一条连线到总线,接近总线时,自动出现一个+45°角或-45°的斜线。单击鼠标左键,就会弹出一个 Bus Entry Connection 对话框,如图 7.13 所示。

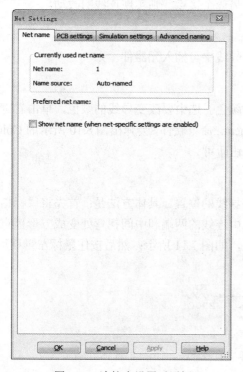

图 7.12 连接点设置对话框

图 7.13 Bus Entry Connection 对话框

(6) 通过 Bus Entry Connection 对话框,可以修改接入线名称。修改完毕后,单击 OK 按钮,就完成引脚到总线的连接。

5. 添加文本

电路图建立后,有时要为电路添加各种文本,如放置文字、放置电路图的标题栏以及电路描述窗等。下面阐述各种文本的添加方法。

1) 添加文字文本

为了便于对电路的理解,常常给局部电路添加适当的注释。允许在电路图中放置英文或中文,基本步骤如下:

① 执行菜单命令 Pace\Place Text,然后单击所要放置文字文本的位置,在该处出现图 7.14

所示的文本描述框。

（2）在文本描述框中输入要放置的文字，它会随着文字的多少进行缩放。

（3）输入完毕后，单击文本描述框以外的界面，文本描述框随即消失，输入文本描述框的文字就显示在电路图中。

2）添加电路描述窗

利用电路描述窗对电路的功能和使用说明进行详细的描述。在需要查看时打开它，否则将它关闭，不会占用电路窗口有限的空间。对文字描述框进行写入操作时，执行菜单命令 Tool\Description Box Editor 就打开电路描述窗编辑器，弹出图 7.15 所示的电路描述窗，在其中可输入说明文字（中、英文均可），还可插入图片、声音和视频。执行菜单命令 View\Circuit Description Box，可查看电路描述窗的内容，但不可修改。

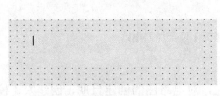
图 7.14　文本描述框

图 7.15　电路描述窗

3）添加注释

利用注释描述框输入文本，可以对电路的功能、使用进行简要说明。放置注释描述框的方法是：在需要注释的元器件旁，执行菜单命令 Place\Comment，弹出 图标，双击该图标打开图 7.16 所示的注释对话框，在 Comment Properties 下方的 Comment text 栏输入文本。注释文本的字体选项可以在注释对话框的 Font 标签内设置，注释文本的放置位置及背景颜色、文本框的尺寸可以在注释对话框的 Display 标签内设置。在电路图中在需要查看注释内容时，需将鼠标移到注释图标处，否则只显示注释图标。

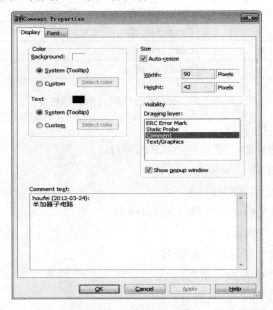
图 7.16　注释对话框

图 7.17 所示是包含注释的 1 位全加器电路。其中子电路 SC1 和开关 J3 添加了注释，子电路 SC1 的注释既显示注释图标又显示注释内容（鼠标移到子电路 SC1 的注释图标处），而开关 J3 只显示注释图标。

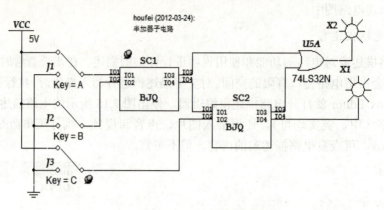

图 7.17 包含注释的 1 位全加器电路

4）添加标题栏

在电路图纸的右下角常常放置一个标题栏，对电路图的创建日期、创建人、校对人、使用人、图纸编号等信息进行说明。放置标题栏的方法是：执行 Multisim11 用户界面的 Place\Title Block...命令，弹出打开对话框，将文件路径添为 Multisim11 安装路径下的 Titleblocks 子目录，在此文件夹内，存放了 Multisim11 为用户设计的 6 个标题栏文件。

例如，选中 Multisim11 默认标题文件（default.tb7），单击“打开”按钮，弹出图 7.18 所示的标题栏。

National Instruments
801-111 Peter Street
Toronto, ON M5V 2H1
(416) 977-5550

NATIONAL INSTRUMENTS
ELECTRONICS WORKBENCH GROUP

Title: 减法电路	Desc.: 减法电路	
Designed by: hcj	Document No: 0001	Revision: 1.0
Checked by: kk	Date: 2012-03-23	Size: A
Approved by: dd	Sheet 1 of 1	

图 7.18 Multisim11 默认的标题栏

标题栏主要包含以下信息：

- Title：电路图的标题，默认为电路的文件名；
- Desc.：对工程的简要描述；
- Designed by：设计者的姓名；
- Document No：文档编号，默认值为 0001；
- Revision：电路的修订次数；
- Checked by：检查电路的人员姓名；
- Date：默认为电路的创建日期；
- Size：图纸的尺寸；
- Approved by：电路审批者的姓名；

➢ Sheet 1 of 1：当前图纸编号和图纸总数。

若要修改标题栏，则用鼠标指向标题栏并双击标题栏，弹出 Title Block 对话框。通过 Title Block 对话框，就可以修改标题栏所显示的信息。

7.1.4　Multisim11 虚拟数字仪表

Multisim11 提供了 20 多种虚拟仪表，可以用来测量仿真电路的性能参数，这些仪表的设置、使用和数据读取方法大都与现实中的仪表一样，它们的外观也和实验室中的仪表相似。图 7.19 所示为 Multisim11 的虚拟仪表栏，从左到右依次是数字万用表、函数信号发生器、瓦特表、双踪示波器、四通道示波器、波特图仪、频率计数器、字信号发生器、逻辑分析仪、逻辑转换仪、IV 分析仪、失真度仪、频谱分析仪、网络分析仪、安捷伦的函数信号发生器、安捷伦的万用表、安捷伦的示波器、泰克示波器、动态测试探针、LabVIEW 仪表、NI ELVISmx 仪表和电流测试探针。若仪表栏没有显示出来，可以执行菜单命令 View\Toolbars\Instrument Toolbar，显示仪表栏；或选择菜单命令 Simulate\Instruments 项中的相应仪表，也可以在电路窗口中放置相应的仪表。

图 7.19　虚拟仪表栏

在 Multisim11 用户界面中，用鼠标指针指向仪表栏中需放置的仪表，单击鼠标左键，就会出现一个随鼠标移动的虚显示的仪表框，在电路窗口合适的位置，再次单击鼠标左键，仪表的图标和标识符就被放置到工作区上。仪表标识符用来识别出仪表的类型和放置的次数。例如，在电路窗口内放置第一个万用表被称为"XMM1"，放置第二个万用表被称为"XMM2"，等等，这些编号在同一个电路里是唯一的。

在数字电路仿真分析中常用的仪表主要有：频率计、字信号发生器、逻辑分析仪和逻辑转换器。

1. 频率计

频率计（Frequency Counter）可以用来测量数字信号的频率、周期、相位以及脉冲信号的上升沿和下降沿。频率计的图标和面板如图 7.20 所示，它只有 1 个接线端子来连接被测电路节点。

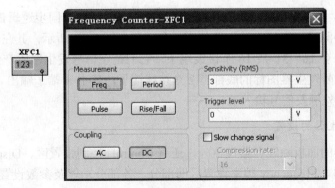

图 7.20　频率计图标和面板

1) 频率计的设置

除显示栏外,频率计面板还有 Measurement 测量设置区、Coupling 耦合设置区、Sensitivity 灵敏度设置区、Trigger level 触发电平设置区及 Show change signal 显示变化信号选择区等 5 个区。

- Measurement 区:选择频率计测量 Freq(频率)、Period(周期)、Pulse(脉冲)、Rise/Fall(上升沿/下降沿)中的一个特定参数。当选择 Pulse 时,显示栏将同时给出正、负电平持续的时间;当选择 Rise/Fall 时,显示栏将同时显示上升和下降时间。
- Coupling 区:设置频率计与被测电路之间是的耦合方式为 AC(交流耦合)或 DC(直流耦合)。
- Sensitivity 区:设置测量灵敏度。
- Trigger level 区:设置触发电平,当被测信号的幅度大于触发电平时才能进行测量。
- Show change signal:选择动态显示被测信号的频率值。

2) 应用举例

例 1 用频率计测量方波信号源输出频率。

解:在 Mulitism11 电路工作区中的连接图及测量结果如图 7.21 所示。从频率计上可以看出,显示所测得信号源的频率为 1 kHz,与所加的方波信号源频率一致。在本例中,应选择交流耦合,还需将灵敏度减小,如设为 3 mV。

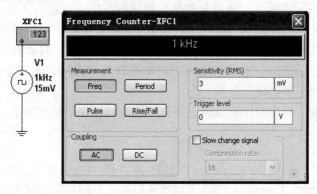

图 7.21 频率计连接图及测量结果

2. 字信号发生器

字信号发生器(Word Generator)是一个能产生 32 位(路)同步逻辑信号的仪表,常用于数字电路的连接测试。字信号发生器的图标和面板如图 7.22 所示,其左侧有 0~15 共 16 个接线端子,右侧有 16~31 共 16 个接线端子,它们是字信号发生器所产生的 32 位数字信号的输出端。字信号发生器图标的底部有 2 个接线端子,其中 R 端子输出"信号准备好"标志信号,T 端子为外触发信号输入端。

1) 字信号发生器的设置

字信号发生器的面板除缓存器视窗外,还有 Controls 控制设置区、Display 显示设置区、Trigger 触发设置区、Frequency 频率设置区四部分,各部分功能及参数设置如下:

(1) Controls(控制)区:用于设置字信号发生器输出信号的格式。

- Cycle:表示字信号发生器在设置好的初始值和终止值之间周而复始地输出信号;

- Burst：表示字信号发生器从初始值开始，逐条输出直至到终止值为止；
- Step：表示每点击鼠标一次就输出一条字信号；
- Set…：单击此按钮，弹出图 7.23 所示的 Settings 对话框。

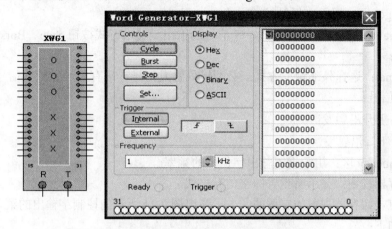

图 7.22　字信号发生器的图标和面板

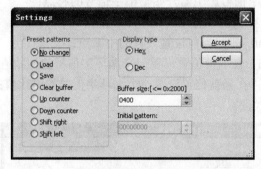

图 7.23　Settings 对话框

Settings 对话框主要用于设置和保存字信号变化的规律或调用以前字信号变化规律的文件。在 Preset patterns（预设置模式）区中有：
- No Change：不变；
- Load：调用以前设置字信号规律的文件；
- Save：保存所设置字信号的规律；
- Clear buffer：清除字信号缓冲区的内容；
- Up Counter：表示字信号缓冲区的内容按逐个加 1 的方式编码；
- Down Counter：表示字信号缓冲区的内容按逐个减 1 的方式编码；
- Shift Right：表示字信号缓冲区的内容按右移方式编码；
- Shift Left：表示字信号缓冲区的内容按左移方式编码。

在 Display Type 区中选择输出字信号的格式是十六进制（Hex）还是十进制（Dec）。

在 Buffer Size 条形框内设置缓冲区的大小。

在 Initial Pattern 条形框内设置 Up Counter、Down Counter、Shift Right 和 Shift Left 模式的初始值。

（2）Display（显示）区：用于显示设置。
- Hex：字信号缓冲区内的字信号以十六进制显示；

- Dec：字信号缓冲区内的字信号以十进制显示；
- Binary：信号缓冲区内的字信号以二进制显示；
- ASCII：信号缓冲区内的字信号以 ASCII 码显示。

（3）Trigger 区：用于选择触发的方式。
- Internal：选择内部触发方式，字信号的输出受输出方式按钮 Step、Burst 和 Cycle 的控制；
- External：选择外部触发方式。必须接外触发信号，只有外触发脉冲信号到来时才输出字信号；
- ⌐：上升沿触发；
- ⌐：下降沿触发。

（4）Frequency 区：用于设置输出字信号的频率。
（5）缓存器视窗：显示所设置的字信号格式。

用鼠标点击缓存器视窗的左侧的 ⌐ 栏，弹出图 7.24 所示的控制字输出的菜单，其中各项的具体功能如下：
- Set Cursor：设置字信号产生器开始输出字信号的起点；
- Set Break-Point：在当前位置设置一个中断点；
- Delete Break-Point：删除当前位置设置的中断点；
- Set Initial Position：在当前位置设置一个循环字信号的初始值；
- Set Final Position：在当前位置设置一个循环字信号的终止值；
- Cancel：取消本次设置。

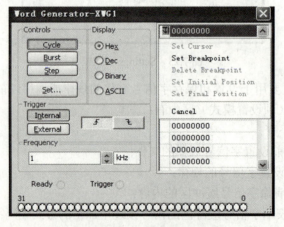

图 7.24 控制字输出的菜单

当字信号发生器发送字信号时，输出的每一位值都会在字信号发生器面板的底部显示出来。

2）应用举例

例 2 利用字信号发生器产生一个循环的二进制数。

解：电路连接和字信号发生器的设置如图 7.25 所示。字信号发生器循环的初始值为 00000006H，终止值为 0000000DH，这里在 0000000A 处设置了一个断点，也可以在其他地方设置断点，用发光二极管显示输出的状态。单击仿真开关运行电路，指示灯 X4X3X2X1

显示状态（1表示亮，0表示灭）依次为：灭亮亮灭 0110、灭亮亮亮 0111、亮灭灭灭 1000、亮灭灭亮 1001、亮灭亮灭 1010。由于设置了断点，字信号发生器输出暂停在此状态，再次单击仿真开关，X4X3X2X1 显示状态依次为：亮灭灭亮 1011、亮亮灭灭 1100、亮亮灭亮 1101、灭亮亮灭 0110、灭亮亮亮 0111、亮灭灭灭 1000、亮灭灭亮 1001、亮灭亮灭 1010。

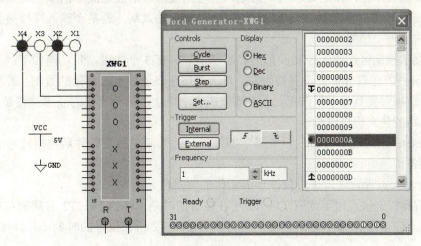

图 7.25　字信号发生器的电路连接和设置

由于终止值设为 0000000DH，所以 X4X3X2X1 的状态将从"亮亮灭亮 1101"直接转换到"灭亮亮灭 0110"（对应初始值 00000006H）。

3. 逻辑分析仪

逻辑分析仪可以同步记录和显示 16 路逻辑信号，常用于数字逻辑信号进行高速采集时序分析和大型数字系统的故障分析。逻辑分析仪的图标和面板如图 7.26 所示，其左侧从上到下有 16 个接线端子，用于接入被测信号，图标的底部有 3 个接线端子，C 是外部时钟输入端，Q 是时钟控制输入端，T 是触发控制输入端。

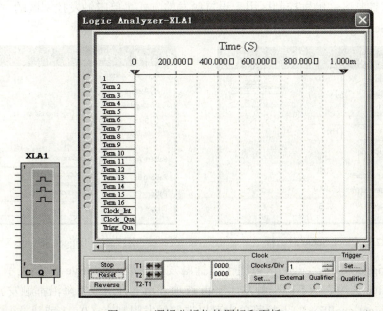

图 7.26　逻辑分析仪的图标和面板

1）逻辑分析仪的设置

逻辑分析仪的面板分为波形显示区、显示控制区、游标控制区、Clock 时钟控制区、Trigger 触发控制区五部分，各部分功能及设置如下：

（1）波形显示区：用于显示 16 路输入信号的波形。所显示波形的颜色与该输入信号的连线颜色相同，其左侧有 16 个小圆圈分别代表 16 个输入端，若某个输入端接被测信号，则该小圆圈内出现一个黑点。

（2）显示控制区：用于控制波形的显示和清除。有 3 个按钮，其功能如下：

> Stop：若逻辑分析仪没有被触发，单击该按钮表示放弃已存储的数据；若逻辑分析仪已经被触发且显示了波形，点击该按钮表示停止逻辑分析仪的波形继续显示，但整个电路的仿真仍然继续。
> Reset：清除逻辑分析仪已经显示的波形，并为满足触发条件后数据波形的显示做好准备。
> Reverse：设置逻辑分析仪波形显示区的背景色。

（3）游标控制区：用于读取 T1、T2 所在位置的时刻。移动 T1、T2 右侧的左右箭头，可以改变 T1、T2 在波形显示区的位置，对应显示 T1、T2 所在位置的时刻，并计算出 T1、T2 的时间差。

（4）时钟控制区：通过 Clock/Div 条形框可以设置波形显示区每个水平刻度所显示时钟脉冲的个数。单击"Set…"按钮，弹出图 7.27 所示的 Clock Setup 对话框。

> Clock source 区主要用于设置时钟脉冲的来源，其中 External 选项表示由外部输入时钟脉冲；单击"Internal"选项表示由内部取得时钟脉冲。
> Clock rate 区用于设置时钟脉冲的频率。
> Sampling setting 区用于设置取样的方式，其中在 Pre-trigger samples 条形框中设置前沿触发的取样数，Post-trigger samples 条形框中设置后沿触发的取样数，Threshold volt.(V)条形框中设置门限电平。

（5）触发控制区：触发控制区用于设置触发的方式。单击触发控制区的"Set…"按钮，弹出 Trigger Settings 对话框，如图 7.28 所示。

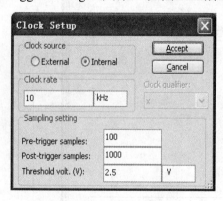
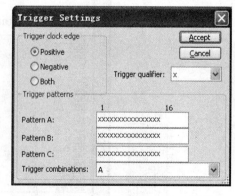

图 7.27　Clock Setup 对话框　　　　　图 7.28　Trigger Settings 对话框

> 在 Trigger clock edge 区可用于选择触发脉冲沿，Positive 选项表示上升沿触发，Negative 选项表示下降沿触发，Both 选项表示上升沿或下降沿都触发。
> 在 Trigger qualifier 的下拉菜单中可以选取触发限制字（0、1 或随意）。

> Trigger patterns 区用于设置触发样本，一共可以设置 3 个样本，并可以在 Trigger combinations 长条框的下拉菜单中选择组合的样本。

2）应用举例

例 3 用逻辑分析仪观察字信号发生器的输出信号。

解：将逻辑分析仪和字信号发生器按图 7.29 所示电路连接。字信号发生器的设置与逻辑分析仪的显示结果如图 7.30 所示。从图 7.30 中可以看出，字信号发生器的输出信号从 00000000 到 0000000A 变化时，逻辑分析仪的前四行波形输出 1、2、3、4 在最后一行的时钟脉冲 clock_int 的作用下从 0000 到 1010（即 A）变化。

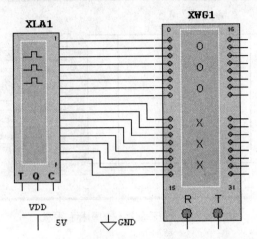

图 7.29 逻辑分析仪和字信号发生器的连接

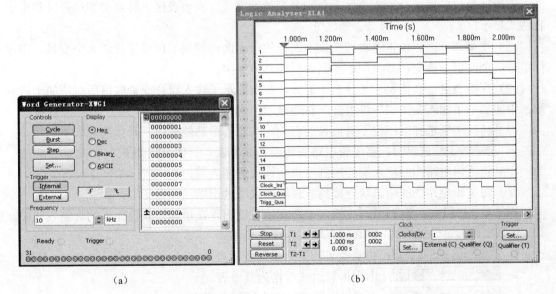

图 7.30 字信号发生器的设置（a）与逻辑分析仪的显示结果（b）

4. 逻辑转换仪

逻辑转换仪是 Multisim11 仿真软件特有的虚拟仪表，在实验室里并不存在。逻辑转换仪主要用于逻辑电路的几种描述方法的相互转换，如：将逻辑电路转换为真值表，将真值表转换为最简表达式，将逻辑表达式转换为与非门逻辑电路，等等。

逻辑转换仪的图标和面板如图 7.31 所示，其中有 9 个接线端子，左侧 8 个端子用来连接电路输入端的节点，最右边的一个端子为输出端子。通常只有在将逻辑电路转化为真值表时，才将逻辑转换仪的图标与逻辑电路连接起来。

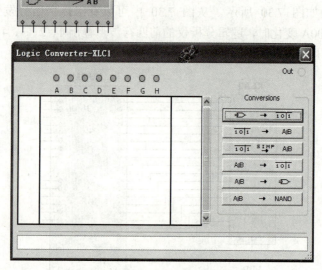

图 7.31 逻辑转换仪的图标和面板

1）逻辑转换仪的操作

逻辑转换仪的面板分为 4 个区，分别是变量选择区、真值表区、转换类型选择区和逻辑表达式显示区。

（1）变量选择区：位于逻辑转换仪的面板的最上面，罗列了可供选择的 8 个变量。用鼠标单击某个变量，该变量就自动添加到面板的真值表中。

（2）真值表区：真值表区又分为 3 部分，左边显示了输入组合变量取值所对应的十进制数，中间显示了输入变量的各种组合，右边显示了逻辑函数的值。

（3）转换类型选择区：位于真值表的右侧，共有 6 个功能按钮，具体功能如下所述：

➢ `→ 101` ：将逻辑电路图转换为真值表。具体步骤如下：
  i）将逻辑电路图的输入端连接到逻辑转换仪的输入端；
  ii）将逻辑电路图的输出端连接到逻辑转换仪的输出端；
  iii）单击 `→ 101` 按钮，电路真值表就出现在逻辑转换仪面板的真值表区中。

➢ `101 → A|B` ：将真值表转换为逻辑表达式。
➢ `101 SIMP A|B` ：将真值表转换为最简逻辑表达式。
➢ `A|B → 101` ：由逻辑表达式转换为真值表。
➢ `A|B → ` ：由逻辑表达式转换为逻辑电路。
➢ `A|B → NAND` ：由逻辑表达式转换为与非门逻辑电路。

（4）逻辑表达式显示区：在执行相关的转换功能时，在此条形框中将显示或填写逻辑表达式。

2）应用举例

例 4 试求图 7.32 所示电路的逻辑表达式。

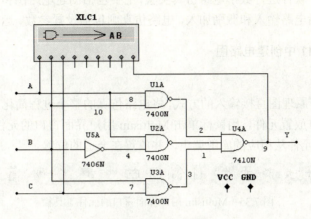

图 7.32 逻辑电路图

解：首先创建逻辑电路图，并将将逻辑转换仪接入电路。然后单击转换类型按钮 ，将逻辑电路转换为真值表形式，如图 7.33 所示。

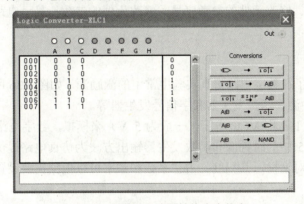

图 7.33 将逻辑电路图转换为真值表

最后单击逻辑转换仪面板中的 按钮，就可以得到该真值表的逻辑表达式；若单击逻辑转换仪面板中的 按钮，就可以得到该真值表的最简逻辑表达式。由真值表得到逻辑表达式如图 7.34 所示。

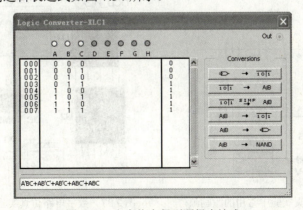

图 7.34 由真值表得到逻辑表达式

7.1.5 Multisim11 在数字电路中的仿真流程

利用 Multisim11 软件进行数字电路仿真实验，主要包括创建电路图和电路仿真两大步骤。其中创建电路图包括电路输入和激励加入，电路仿真则包括设置参数、运行仿真和观察结果。

1. 在 Multisim11 中创建电路图

1) 电路输入

Multisim11 采用原理图直接输入的方式，将电路仿真的整个过程简化到一个窗口内完成。首先在电路窗口放置元件，用鼠标单击 Multisim 用户界面窗口的元件工具栏（如图 7.35 所示），将电路所需元件从相应的库中调出，并放置在合适的位置。

图 7.35 Multisim 用户界面窗口的元件工具栏

其次，连接电路、编辑元件。用鼠标移到电路中模块的任意引脚，可以看到一个黑色的圆点，按下鼠标左键时可以引出连线，连接到其他元件所需连接的引脚。为了使创建完成后的电路符合工程习惯，便于仿真，可以对创建完成后的电路图进一步编辑。常用的编辑有：调整元件、调整导线、修改元件的参考序号、修改元件的参数、显示电路节点号、保存电路文件等。

2) 加入激励

Multisim11 提供了在数字电路仿真实验中常用的激励源，如图 7.36 所示，主要有 V_{CC} 电压源、地 GND、时钟源、函数发生器和字信号发生器等。

字电路的高电平 1 常用 VCC 电压（一般为 5 V）来模拟，数字电路的低电平 0 常用地 GND 来模拟。图 7.35 中的时钟源和函数发生器输出方波为仿真电路提供时钟信号，双击时钟源，打开参数设置对话框，其幅度、占空系数和频率可以根据需要设置。

3) 输出显示

Multisim11 提供了多种数字电路仿真实验的测试仪表，如图 7.37 所示。利用这些测试仪表可以直接观察输出变量的特性及输入与输出之间的逻辑关系。常见仪表有数字多用表、示波器、彩色测试灯、电压表头、七段数码管、译码数码管和逻辑分析仪等。

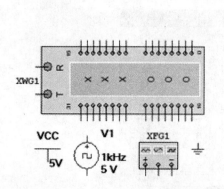

图 7.36 数字电路仿真实验中常用的激励源

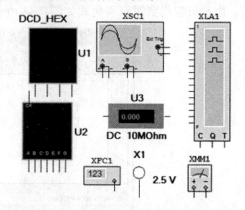

图 7.37 数字电路仿真实验使用的测试仪表

图 7.37 中的 XLA1 仪表是逻辑分析仪,它是一种有多路输入、能存储数字数据的测试仪器,可以同步记录和显示 16 路逻辑信号。图标的左侧从上至下有 16 个输入信号端口,使用时连接到电路的测量点。图标下部有三个端子,C 是外部时钟控制端,Q 是时钟控制输入端,T 是触发方式控制端。U1、U2 和 X1 分别是译码数码管、七段数码管和彩色测试灯,均用于显示输出逻辑状态。XSC1 是双踪示波器,它不仅可以显示信号波形,还可以通过显示波形来测量信号的频率、幅度和周期等参数。XFC1 是频率计,用于测试电路频率的仪表。XMM1 和 U3 分别是数字多用表和电压表头,用于测量电路电压、电流。

2. Multisim 仿真步骤

电路图创建完毕后,在 Multisim11 中调用相关仪表,并合理设置仪表参数,单击仿真电源开关,开始运行,观察结果。注意在仿真过程中,运行步长要合理选择,便于仿真正确运行,捕捉到相关信息。

3. Multisim 仿真举例

下面以创建 74LS161 的逻辑功能测试电路为例,说明 Multisim11 的仿真步骤。

1)创建电路图

启动 Multisim11 软件后,单击用户界面的元件工具栏的"TTL"元件库按钮,在弹出的"Select a Component"对话框中选择 74LS161,在"Indicator"元件库中选 HEX_DISPLAY,在"Sourcer"元件库中选 CLOCK_VOLTAGE、VCC 和地 GND,并设置 CLOCK_VOLTAGE 为 5 V/100 Hz;在"Basic"元件库中选 4 个 SPDT 开关,即 J1、J2、J3 和 J4,并连接到 74LS161 清零端 CLR 和计数使能 ENT、ENP。单击仪表元件库,选逻辑分析仪 XLA1 和译码数码管 U2,把所需的元件放到合适的位置后存盘保存。74LS161 功能测试电路的仿真图如图 7.38 所示。

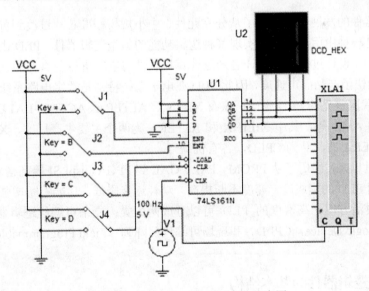

图 7.38 74LS161 功能测试电路仿真图

2)仿真分析

单击仿真电源开关,电路开始仿真运行,74LS161 仿真时序图如图 7.39 所示。观察仿真波形的结果,可以看出,74LS161 在时钟的作用下完成 0000~1111 的计数逻辑功能。

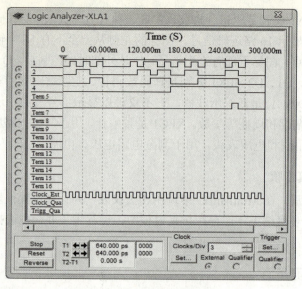

图 7.39　74LS161 仿真时序图

7.2　可编程逻辑器件简介

应用可编程逻辑器件（Programmable Logic Device，PLD）完成数字电路实验既是实验教学的重要环节，也符合数字电路发展的趋势。本节及后面两节简单介绍可编程逻辑器件的基本原理及开发过程。

7.2.1　可编程逻辑器件的基本概念

数字逻辑器件的发展直接反映了从分立元件、中小规模标准芯片过渡到可编程逻辑器件的过程。PLD 是一种由用户编程以实现某种逻辑功能的新型逻辑器件。PLD 由于其可编程的特性，而且在 IC 设计过程中，设计者通过计算机软件对电路进行仿真与验证，大幅度缩短了设计时间，加快了产品面市速度，因此 PLD 在电子系统特别是数字电路系统中扮演着重要角色。目前，在我国常见的 PLD 生产厂家有 XILINX、ALTERA、ACTEL、LATTICE、ATMEL、MICROCHIP 和 AMD 等，其中 XILINX 和 ALTERA 为两个主要生产厂家，XILINX 的产品为 FPGA，ALTERA 的产品为 CPLD，各有优缺点。

PLD 自问世以来，经历了从 PROM、PAL、GAL 到 FPGA、ispLSI 等高密度 PLD 的发展过程，在此期间 PLD 的集成度、速度不断提高，功耗逐步降低，功能不断增强，结构更趋合理，使用更加灵活方便。高密度的 PLD 可以分成两大类：复杂可编程逻辑器件（Complex Programmable Logic Device，CPLD）和现场可编程门阵列（Field Programmable Gate Array，FPGA）。

7.2.2　可编程逻辑器件的基本结构

当前，主流的可编程逻辑器件采用基于 E^2PROM 的乘积项（Product Term，P-Term）结构和基于 SRAM 的结构。

1. CPLD 的基本结构

CPLD 一般采用基于 E^2PROM 的乘积项结构,它由若干宏单元和可编程互连线构成,其中逻辑宏单元主要包括与或阵列、触发器和多路选择器等电路,能独立配置为组合或时序工作方式。可编程互连线是 CPLD 中另一个核心结构,该结构是包含大量可编程开关的互连网络,提供芯片的 I/O 引脚和宏单元的输入/输出之间的灵活互连。它采用全局式的可编程互连网络来集中分配互连线资源,这样可以使连线路径的起点到终点延时固定。

2. FPGA 的基本结构

FPGA 的内部结构如图 7.40 所示,它主要由嵌入式阵列块(Embedded Array Block,EAB)、逻辑阵列块(Logic Array Block, LAB)、输入/输出单元(Input/Output Element, IOE)和行、列快速互连通道构成。

图 7.40 中的 LAB 块由 8 个逻辑单元(LE)组成,每个 LE 含有一个提供 4 输入组合逻辑函数的查找表及一个能提供时序逻辑能力的可编程寄存器。其中,查找表简称为 LUT (Look-Up-Table),LUT 本质上就是一个 RAM。当用户通过原理图或 HDL 语言描述了一个逻辑电路以后,FPGA 开发软件会自动计算逻辑电路的所有可能的结果,并把结果事先写入 RAM,这样,每输入一个信号进行逻辑运算就等于输入一个地址进行查表,找出地址对应的内容,然后输出即可。

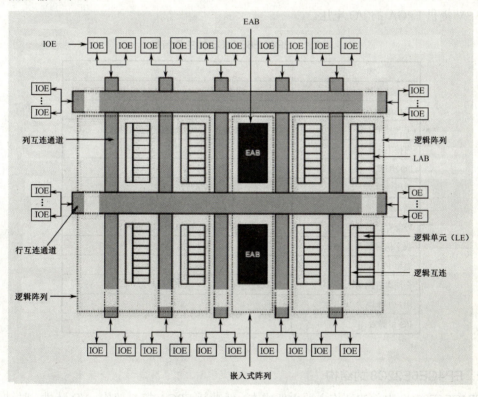

图 7.40　FPGA 的内部结构

嵌入式阵列块 EAB 是由 RAM/ROM 和相关的输入、输出寄存器构成。它可提供多位片内存储器。EAB 也可编程成大型的复杂逻辑功能查找表,以实现数字乘法器、微控制器、状态机、数字信号处理器等复杂的逻辑功能。

在 FPGA 结构中，LAB 和 EAB 排成行与列，构成二维逻辑阵列，内部信号的互连是通过行、列快速通道和 LAB 局部互连通道来实现的。

7.2.3 EP4CE6E22C8 简介

ALTERA 公司于 2009 年 11 月发布了 Cyclone IV FPGA 系列，在移动视频、语音和数据访问及高质量 3D 图像对低成本带宽需求的推动下，Cyclone IV FPGA 系列增加了对主流串行协议的支持，不但实现了低成本和低功耗，而且还提供了丰富的逻辑、存储器和 DSP 功能。EP4CE6E22C8 器件是 ALTERA 公司 Cyclone IV E 系列的 FPGA 器件，采用经过优化的 60 nm 低功耗工艺技术，降低了内核电压，与前一代产品相比，同时实现了低成本和高性能，且功耗降低 25%，满足了大批量低成本串行协议解决方案的需求。该系列封装器件最小的只有 8 mm×8 mm，非常适合用于无线、固网、消费、广播、工业、用户以及通信等领域中的低成本的小型封装应用。

1. EP4CE6E22C8 的特性

EP4CE6E22C8 的主要特性如表 7.1 所示。该器件成本低、功耗低、逻辑单元（LE）有 6 272 个，嵌入式 18×18 乘法器 15 个，通用 PLL 2 个，全局时钟网路 15 个，I/O 块 8 个，I/O 引脚 144 个。内核电压 1.2V、I/O 电压 2.5V，但是为了配合大部分外围器件 3.3V 的特性，一般由 3.3V 提供 FPGA 的 I/O 电压。

表 7.1 EP4CE6E22C8 的主要特性

项　　目	特 性 说 明
成本最佳体系结构	成本比 Cyclone III FPGA 低 10%
功耗最低	功耗比 Cyclone III FPGA 低 25%
工艺技术	60nm TSMC 低功耗工艺技术
内核电压	1.2V
I/O 电压	2.5V、3.3V
逻辑密度	6272 个 LE
嵌入式存储器	270Kbit 容量
外部存储器接口支持	SDR、DDR、DDR2、QDRII
数字信号处理（DSP）	嵌入式 18×18 乘法器 15 个
通用 PLL	2 个
全局时钟网络	10 个
用户 I/O 块	8 个
I/O 引脚数	144 个

2. EP4CE6E22C8 的结构

EP4CE6E22C8 内部的结构主要由低成本，低功耗 FPGA 核心架构、I/O 特性、时钟管理、外部存储器接口、配置等构成。这一架构包括由四输入查找表（LUT）构成的逻辑单元（LE），存储器模块以及乘法器等。

在 EP4CE6E22C8 中 LE 是实现逻辑的最基本单元，其内部结构如图 7.41 所示。每个 LE 的特性是：每个 LE 包括一个四口输入查找表（LUT），一个具有使能、预置和清零输入的可编程寄存器、一个进位链连接和一个寄存器链连接。

在图 7.41 中每个寄存器上有数据,时钟,时钟使能和清零输入。全局时钟网络,通用 I/O 引脚,任何内部逻辑都可以驱动时钟和清零寄存器控制信号。通用 I/O 引脚或内部逻辑都可以驱动时钟使能。对于组合功能,LUT 输出端旁路寄存器直接驱动到 LE 输出端。每个 LE 有三个输出端分别驱动本地,行和列的布线资源。LUT 或寄存器输出独立地驱动这三个输出端。两个 LE 输出端驱动列或行以及直接链接布线连接,而另一个 LE 则驱动本地互连资源。这允许 LUT 驱动一个输出端,当寄存器驱动另一个输出端时,这个特性称为寄存器套包,由于器件可以使用寄存器和 LUT 在不相关的功能,增加了器件的利用率。

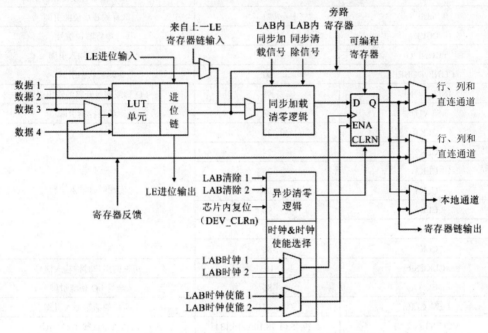

图 7.41　Cyclone IV 器件中 LE 的内部结构

3. EP4CE6E22C8 的引脚功能

为了正确使用 EP4CE6E22C8 芯片必须了解它的引脚功能,EP4CE6E22C8 特殊引脚功能如表 7.2 所示。未在表 7.2 中列出的引脚均为输入与输出 I/O 引脚,其中的最大用户 I/O 引脚数是 144 个。

表 7.2　EP4CE6E22C8 特殊引脚功能

引脚功能	引脚	作用	
MSEL0	94	模式设置引脚	
MSEL1	96		
MSEL2	97		
TDI	15	数据输入	JTAG 模式配置引脚
TDO	16	数据输出	
TMS	18	模式选择	
TCK	20	时钟输入	

续表

引脚功能	引脚	作用
DATA6	138	专用数据输入引脚
DATA5	137	
DATA3	133	
DATA2	132	
DATA1	6	
DATA0	13	
nCEO	101	低有效芯片使能输出引脚
nCE	21	低有效芯片使能引脚
DCLK	12	串行时钟信号
nCONFIG	14	配置控制输入引脚
CONF_DONE	92	配置状态引脚
INIT_DONE	98	I/O 脚或漏极开路的输出引脚
nSTATUS	9	状态控制引脚
CLK1	23	专用时钟输入引脚
CLK2	24	
CLK3	25	
CLK4	91	
CLK5	90	
CLK6	89	
CLK7	88	
CLKUSR	103	可选的用户时钟输入信号
DEV_OE	86	全局 I/O 使能引脚
DEV_CLRn	87	全局的清零输入引脚
VCCINT (1.2 V)	5,29,45,61,78,102,116,134	内核供电，接 1.2 V 电压
PLL	37,109	锁相环信号
VCCIO1	17	I/O 供电，接 2.5V 或 3.3V 电压
VCCIO2	26	
VCCIO3	40,47	
VCCIO4	56,62	
VCCIO5	81	
VCCIO6	93	
VCCIO7	117,122	
VCCIO8	130,139	
VCCA1	35	PLL 模拟电压输入引脚
VCCA2	107	
GND	4, 22, 27, 41, 48, 57, 63, 79, 82, 95, 118, 123, 131, 140	地
GNDA1	36	模拟地
GNDA2	108	

4. FPGA 模块

FPGA 模块由 EDA 编程下载电缆和开发板组成，其中下载电缆为通用并口电缆或 USB 电缆，而开发板的布局结构如图 7.42 所示。

图 7.42 中的开发板电源适配器为 EP4CE6E22C8 提供合适的电源电压，将系统工作+5 V 电压变换为 EP4CE6E22C8 需要的电压。EP4CE6E22C8 芯片的工作电压是 CORE 1.2 V, I/O 2.5V 或 3.3 V，并且电源的稳定性直接关系到系统运行的稳定和芯片的安全，所以应选用 TI 的高性能专用 3.3 V/2.5 V 双电源开关芯片，这种芯片普遍运用于各种 FPGA 和各种对电源要求较高的场合，可以输出 3.3 V 和 2.5 V 各 1A 的电流，并且设有短路保护。芯片的所有有效 I/O 引脚都已引出，在旁边有对应的引脚标号，用户可以根据要求使用相应的引脚，不过由于 FPGA 的驱动能力有限，如果要驱动较多较大的负载，可以外接驱动芯片。实际 FPGA 开发板效果图如图 7.43 所示。

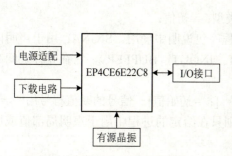

图 7.42　FPGA 开发板布局结构　　　　图 7.43　实际 FPGA 开发板效果图

7.3　VHDL 语言简介

VHDL 语言即超高速集成电路硬件描述语言，是一种用形式化方法描述数字电路和设计数字逻辑系统的语言，是 1980 年美国国防部实施超高速集成电路 VHSIC 项目中开发形成的描述集成电路结构和功能的标准语言，并在 1987 年成了 IEEE 的标准。它和传统门级设计方法相比有以下特点：

（1）功能强大、设计灵活。VHDL 具有功能强大的语言结构，可以用简洁明确的源代码来描述复杂的逻辑控制，它具有多层次的设计描述功能，层层细化，最后可直接生成电路级描述。

（2）与工艺无关，独立实现，修改方便，系统描述能力强。设计人员用 VHDL 进行设计时，不需要首先考虑选择完成设计的器件，就可以集中精力进行设计的优化。当设计描述完成后，可以用多种不同的器件结构来实现其功能。

（3）VHDL 类型多并且支持用户自定义类型，支持自顶向下的设计方法和多种电路设计。易于共享和复用，可读性好，有利于交流，适合文档保存。

（4）VHDL 标准、规范并且可移植性强。VHDL 采用基于库的设计方法，可以建立各种可再次利用的模块。这些模块可以预先设计或使用以前设计中的存档模块，将这些模块存放到库中，就可以在以后的设计中进行复用，可以使设计成果在设计人员之间进行交流和共享，减少硬件电路设计。

7.3.1 VHDL 的基本语法规则

VHDL 有许多与语言有关的元素，正是这些语言的"具体细节"，构成了程序中不同类型的描述语句。

1．VHDL 文字规则

VHDL 文字主要包括数值和标识符。数值型文字包括数字型、字符串型。而数字型文字又包括整数文字、实数文字、以数值基数表示的文字和物理量文字；字符串文字包括字符和字符串。VHDL 标识符由大小写字母、数字和下画线组成。

2．VHDL 数据对象

VHDL 常用的数据对象为常数、信号及变量。常数是一个恒定不变的值，在程序中，常数一般在程序前部声明。常数（CONSTANT）的声明和设置主要是为了使设计实体中的常数更容易阅读和修改。

常数声明格式为 CONSTANT 常数名：数据类型：=初值；

信号是全局量，在实体说明、结构体描述和程序包说明中使用。SIGNAL 用于声明内部信号，而非外部信号（外部信号对应为 IN，OUT，INOUT，BUFFER），它在元件之间起互连作用，可以赋值给外部信号。

信号定义格式为 SIGNAL 信号名：数据类型 [：=初始值]；信号的赋值符号用"<="表示，其格式为：目标信号名 <= 表达式。变量则只在给定的进程中用于声明局部值或用于子程序中。

变量定义格式为 VARIABLE 变量名：数据类型[：= 初始值]；变量赋值符号用"：="表示。

在进程中，信号赋值在进程结束时起作用，信号赋值是并行进行的，而变量赋值是立即起作用的，变量赋值是顺序进行的。

3．VHDL 数据类型

VHDL 数据类型用来定义描述数据对象或其他元素中数据的类型。VHDL 常用的数据类型有三种：标准型的数据类型、IEEE 预定义标准逻辑位与矢量及用户自定义的数据类型。其中标准型的数据类型包括整数（Integer）、实数类型和浮点类型（REAL & FLOATING）、位（bit）、位矢量类型（BIT_VECTOR）、布尔类型（BOOLEAN）、字符类型（CHARACTER）、字符串类型（TRING）和物理类型（Physical）；IEEE 预定义标准逻辑位与矢量包括标准逻辑位 STD_LOGIC 数据类型和标准逻辑矢量（STD_LOGIC_VECTOR）；用户自定义的数据类型包括枚举类型（ENUMERATED）、记录类型（RECODE）等。

4．VHDL 的属性

VHDL 有多种反映和影响硬件行为的属性，主要是关于信号、类型等的特性。利用属性可使 VHDL 的设计文件更为简明、易于理解。例如，clk'event 表示对 clk 信号在当前的一个极小的时间段内发生事件的情况进行检测。

5. VHDL 的运算符

VHDL 的运算符是用来实现确定操作或功能的元素，VHDL 包括许多类型的运算符。例如，逻辑运算符包括 and、or、not、nand、nor、xor 等。关系运算符包括等号、不等号等。算术运算符包括+、-、×、/ 及其他一些特殊的操作。

7.3.2　VHDL 基本描述语句

VHDL 的基本描述语句包括顺序语句（Sequential Statements）和并行语句（Concurrent Statements）。在数字逻辑电路系统设计中，这些语句从多侧面完整地描述了系统的硬件结构和基本逻辑功能，其中包括通信的方式、信号的赋值、多层次的元件例化及系统行为等。

顺序语句是相对并行语句而言的，其特点是每条语句的执行顺序按书写顺序执行。顺序语句只能出现在进程或子程序中。在 VHDL 中，一个进程是由一系列顺序语句构成的，而进程本身属于并行语句，这就是说，在同一设计实体中，所有的进程是并行执行的。然而在任意给定的时刻内，在每一个进程内，只能执行一条顺序语句。利用顺序语句可以描述逻辑系统中的组合逻辑、时序逻辑或它们的综合体。VHDL 有赋值语句、流程控制语句、等待语句、子程序调用语句、返回语句和空操作语句。

在 VHDL 中，并行语句是硬件描述语言与一般软件程序最大的区别所在。所有并行语句在结构体中的执行都是同步进行的，或者说是并行运行的，其执行方式与语句书写的顺序无关。在执行中，并行语句之间可以有信息往来，也可以互为独立、互不相干。VHDL 中的并行语句主要有并行信号赋值语句、进程语句、块语句、元件例化语句、生成语句和并行过程控制语句。

子程序是 VHDL 的程序模块，这个模块是利用顺序语句来声明和完成算法的。子程序应用的目的，是使程序能更有效地完成重复性的计算工作，子程序的使用是通过子程序调用语句来实现的。在 VHDL 中，子程序有过程和函数两种类型。

7.3.3　VHDL 基本语法结构

VHDL 语言程序设计的基本语法结构格式如下：

```
LIBRARY <库名>;              ------指定库名
USE <库名>.<程序包名>.ALL ------指定程序包
ENTITY 实体名 IS             ------实体声明
 [GENERIC(类属声名)；]
 （PORT(端口声明)；
END[实体名];
ARCHITECTURE 结构名 OF 实体名 IS ------结构体声明
 [信号声明语句]
    BEGIN
{并行处理语句}；
 END [结构体名];
```

库（LIBRARY）：存储预先已经写好的程序和数据的集合。常用的库有 IEEE 库、STD 库和 WORK 库，其中 IEEE 库是不可见的。

实体（ENTITY）：声明到其他实体或其他设计的接口，即描述输入、输出的定义（即输入、输出说明）；实体语句是每一设计实体接口的公共部分，实体语句只能由并行断言语句、并行过程调用语句和被动进程语句组成。

结构体（ARCHITECTUR）：定义实体的实现，描述输出如何响应输入（工作原理）。结构体对实体描述有三种方式：

> 行为描述（BEHAVE）：反映一个设计的功能和算法，一般使用进程，用顺序语句表达；
> 结构描述（STRUCT）：反映一个设计硬件方面的特征，表达内部元件间连接关系，使用元件例化来描述；
> 数据流描述（DATAFLOW）：反映一个设计中数据从输入到输出的流向，使用并行语句描述。

7.3.4 常见基本数字电路的 VHDL 实现

数字系统的基本电路，分为组合逻辑电路和时序逻辑电路两大类。下面分别给出异或门和计数器电路的 VHDL 源程序。

1. 异或门电路 VHDL 实现——异或门电路的 VHDL 源程序

```
library ieee;                          -- 打开 IEEE 库
use ieee.std_logic_1164.all;           -- 允许使用 IEEEStd-Logic-1164 程序包中的所有内容
entity xor2 is
    port(a,b: in std_logic;            -- 声明 a、b 是标准逻辑位数据类型的输入端口
         y:   out std_logic);          -- 声明 y 是标准逻辑位数据类型的输出端口
end xor2;
architecture xor_behave of xor2 is
begin
    y<=a xor b;                        -- 异或运算
end xor_behave;
```

2. 计数器电路 VHDL 实现——模 12 计数器电路的 VHDL 源程序

```
library  ieee;
use ieee.std_logic_1164.all;
entity cntl2y is
port(clr: in std_logic;
     clk: instd logic;
     cnt: buffer integer range 11 downto 0);
end  cntl2y ;
architecture  one  of cntl2y  is
 begin
  process(clr, clk)     -- 实现模 12 计数的进程
   begin
    if clr=' 0 ' then cnt<=0;
```

```
            elsif clk'event and clk=' 0 ' then
                if ( cnt=11 ) then    cnt<=0;
                  else      cnt <= cnt+1;
                end if;
            end if;
          end process;
       end   one;
```

7.4 PLD 开发软件 QuartusⅡ的使用

7.4.1 QuartusⅡ概述

开发 PLD 的软件与可编程器件密切相关，ALTERA 公司的 QuartusⅡ主要用于开发该公司的 CPLD 和 FPGA 器件。QuartusⅡ设计软件是一个完全集成化、易学易用的单芯片可编程系统（SOPC）设计平台，它将设计、综合、布局和验证及第三方 EDA 工具接口集成在一个无缝的环境中，使得 QuartusⅡ界面友好，使用便捷，灵活高效，深受设计人员的欢迎。QuartusⅡ不但支持 ALTERA 公司众多种类的器件，而且提供高效的器件编程与验证工具。它支持多时钟定时分析，内嵌 SignalTap Ⅱ 逻辑分析器，功率估计器等高级工具。

QuartusⅡ设计软件主要具有以下特点：

（1）多平台。QuartusⅡ支持 Windows、Solaris、Hpux 和 Linux 等多种操作系统，且能和第三方工具（如综合、仿真等）工具链接；

（2）与结构无关。QuartusⅡ Complier （编译器）是 QuartusⅡ软件的核心。它支持多种 Altera 器件，能提供真正与结构无关的设计环境和强有力的逻辑综合能力。

（3）系统完全集成化。QuartusⅡ包含有 MAX+plusⅡ的用户界面，且易于将 MAX+plusⅡ设计的工程文件无缝隙的过渡到 QuartusⅡ开发环境；QuartusⅡ提供了 LogicLock 基于模块的设计方法，便于设计者独立设计和实施各种设计模块，并且在将模块集成到顶层工程时仍可以维持各个设计模块的性能；QuartusⅡ支持多时钟定时分析，内嵌 SignalTap Ⅱ 逻辑分析器、功率估计器等高级工具，且芯片（电路）平面布局连线编辑便于引脚分配和时序约束。

（4）支持多种输入方式。可利用原理图和 HDL（硬件描述语言）完成电路描述，并将其保存为设计实体文件。

7.4.2 QuartusⅡ软件电路设计流程

1. 的用户界面

双击 图标，系统开始启动 QuartusⅡ13.1 软件，其用户界面如图 7.44 所示。

该用户界面主要由菜单栏（Menu Bar）、标准工具栏（Standard tool）、工程目录栏（Project Navigator，即设计项目）和状态栏组成。其中，菜单栏提供了 QuartusⅡ绝大多数的功能命令，标准工具栏包含了有关电路窗口基本操作的按钮，工程目录栏给出了工程之间及其内部的结构关系图，状态栏主要用于显示当前的操作及鼠标所至条目的有关信息。

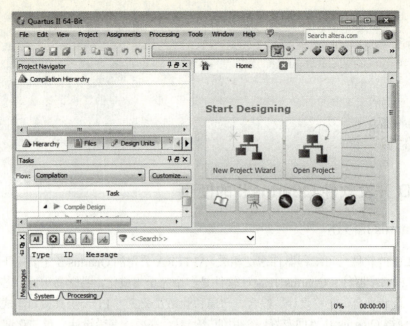

图 7.44　Quartus Ⅱ 13.1 的用户界面

2. 基于 Quartus Ⅱ 的电路设计流程

Quartus Ⅱ 软件设计开发流程如图 7.45 所示。

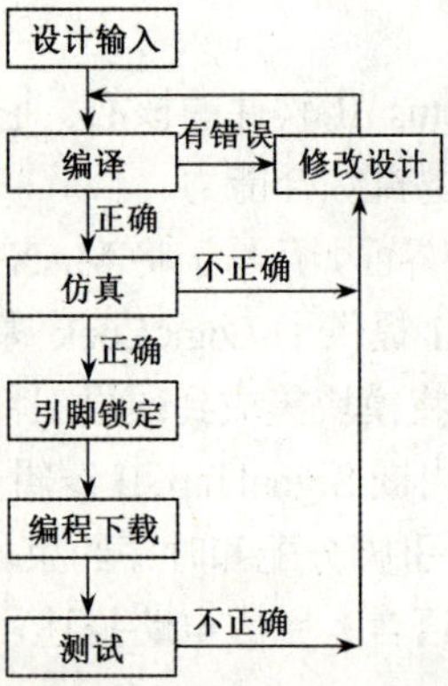

其主要步骤如下：

（1）设计输入：将电路、系统以一定的表达方式输入计算机，这是在 Quartus Ⅱ 平台上对 FPGA/CPLD 开发的最初步骤。Quartus Ⅱ 软件主要采用原理图输入、HDL 语言输入、EDIF 网表输入方式。Quartus Ⅱ 软件在"File"菜单中提供"New Project Wizard …"向导，引导用户完成工程的创建。需要向工程添加新的 VHDL 文件时，可以通过"New"选项实现。也可以直接单击图标，在"New"选项中选择相应的输入方式。

（2）编译：根据设计要求设定编译参数和编译策略，如器件的选择、逻辑综合方式的选择等，然后根据设定的参数和策略对设计工程进行网表提取、逻辑综合和器件适配，并产生报告文件、延时信息文件及编程文件，供分析、仿真和编程使用。执行 Quartus Ⅱ 软件"Processing"菜单下的"Start Compilation"命令，或单击 ▶ 图标，开始编译。若编译有错误，则双击错误行，修改错误直至编译成功为止。

图 7.45　Quartus Ⅱ 软件设计开发流程

（3）仿真分析：利用软件的仿真功能验证设计的逻辑功能是否正确。执行"Processing"菜单中"Start"选项下的"Start Timing Analyzer"命令，或单击 图标，进行定时分析；执行"Processing"菜单下的"Simulation"命令，或单击 图标，进行仿真，分析仿真波形的结果是否正确，若不正确，则需修改程序直至仿真结果正确为止。

（4）编程：把适配后生成的下载或配置文件通过编程器或编程电缆向 FPGA 或 CPLD 下载，以便进行硬件调试和验证。执行"Tool"菜单下的"Programmer"命令，或单击 图标，进行编程下载,当下载进程为 100%时表示编程下载成功。

(5)测试:对含有载入设计的 FPGA 或 CPLD 的硬件系统进行统一调试,以便最终验证设计工程在目标系统上的实际工作情况,排除错误,改进设计。

7.4.3 基于 Quartus Ⅱ 的 VHDL 电路设计

Quartus Ⅱ 软件提供了功能强大、直观便捷和操作灵活的 VHDL 文本输入设计功能,下面以 1 位半加器的设计为例,具体说明基于 Quartus Ⅱ 的 VHDL 文本输入设计方法。1 位半加器的真值表如表 7.3 所示。受篇幅所限,原理图输入方式不再介绍,详细使用方法可以参考相关书籍或软件帮助文档。

表 7.3　1 位半加器的真值表

a	b	co	so
0	0	0	0
0	1	0	1
1	0	0	1
1	1	1	0

1. 创建一个新工程

Quartus Ⅱ 输入设计文件一般以工程文件为单元进行编辑、编译、仿真及编程,因此 Quartus Ⅱ 输入设计前先要建立一个新的 Quartus Ⅱ 工程。对于每个新建的工程,最好建立一个独立的子目录,并且保证设计工程中的所有文件均在这个工程的层次结构中。当指定设计工程名称时,同时也可以指定存放该工程的子目录名。注意,工程名和顶层设计文件名必须相同。

下面给出建立一个新工程的步骤:

(1)执行 Quartus Ⅱ 软件中"File"菜单下的"New Project Wizard"命令,出现"创建新工程向导"界面,如图 7.46 所示。单击"Next"按钮,出现图 7.47 所示的输入工程名称及路径和顶层文件名界面。

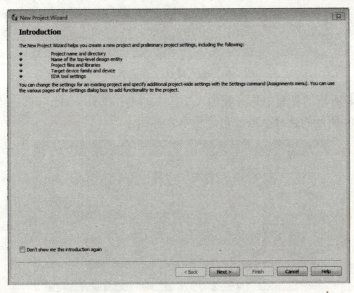

图 7.46　"创建新工程向导"界面

(2)在图 7.47 所示的界面中输入工程存放的路径(如 D:quartus13.1_VHDL)、工程名称和顶层文件名(如 h_adder)后,单击"Next"按钮,出现图 7.48 所示的输入设计文件名界面,注意,输入的文件名一定要和工程名相同。

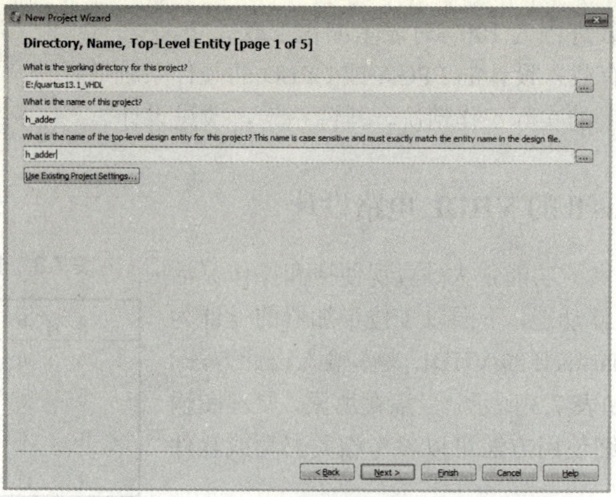

图 7.47 输入工程名称及路径和顶层文件名界面

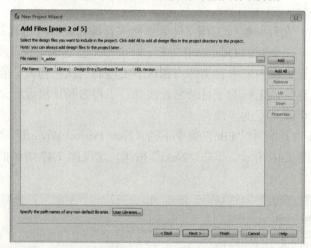

图 7.48 输入设计文件名界面

（3）在图 7.48 所示的界面中选择或加入工程中的设计文件（如 h_adder）后，单击"Next"按钮，出现图 7.49 所示的选择 Altera 可编程器件界面。

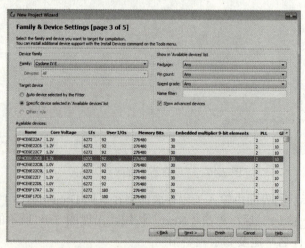

图 7.49 选择 Altera 可编程器件界面

· 202 ·

(4) 在图 7.49 所示的界面中根据该工程的需要选择 Altera 可编程器件后，单击"Next"按钮，出现选择 EDA 工具的界面如图 7.50 所示。

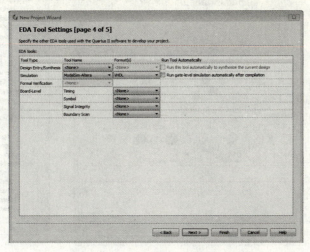

图 7.50　选择 EDA 工具的界面

(5) 在图 7.50 所示的界面中根据该工程的需要选择适当的 QuartusⅡ软件中内嵌的 EDA 工具后，单击"Next"按钮，出现图 7.51 所示的创建新工程完成后的总结报告。单击"Finish"按钮，出现图 7.52 所示的工程文件结构图。图 7.52 显示出了该工程文件的结构关系，QuartusⅡ标题条中变成了新的工程名字。至此，新工程创建完成。

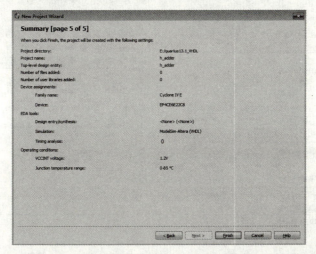

图 7.51　创建新工程完成后的总结报告

(6) 工程创建后，执行 QuartusⅡ中"File"菜单下的"New"命令，或单击 图标，出现图 7.53 所示的对话框。在"New"选项中选择相应的输入方式，输入方式选定后，单击"OK"按钮进入不同的编辑器。

QuartusⅡ的编辑器常用有编辑原理图文件的 Block Diagram/Schematic File 编辑器、编辑文本的 VHDL File 编辑器或 Verilog File 编辑器、AHDL File 编辑器和 EDIF 编辑器。EDIF 编辑器可以采用第三方 EDA 设计输入文件。

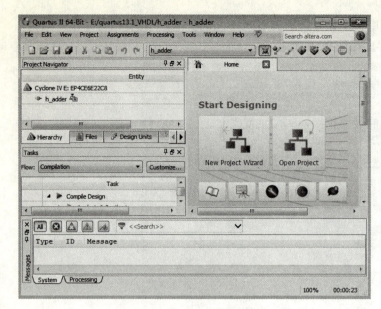

图 7.52　工程文件结构图　　　　　　　　　　图 7.53　输入方式选择对话框

2. 输入 VHDL 文本设计文件

在输入方式选择中选择 VHDL File，进入 VHDL 文本编辑器，输入设计文件，保存文件后出现图 7.54 所示的窗口。

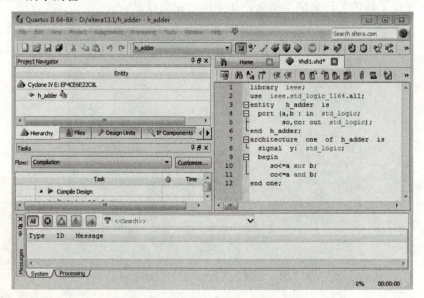

图 7.54　VHDL 文本编辑器

3. 编译设计文件

设计文件编辑完成后，执行 Quartus Ⅱ 主菜单中"Processing"菜单下的"Start Compilation"命令，或单击 ▶ 图标，开始编译。编译报告窗口如图 7.55 所示。该窗口左栏显示 Quartus Ⅱ 软件对设计输入文件编译的进程及信息，中间栏为软件产生的编译报告，右栏为软件编译总结报告，最下面一栏为编译的结果。

若编译结果无错误信息，但可以有警告信息，则从图 7.55 中最下面一栏最后一行的信息可知，编译通过。若编译结果有错误信息，则编译报告窗口图 7.56 所示，从其中最下面一栏最后一行的信息可知，编译有错误，未通过。根据含错误的信息报告的提示，可双击错误行返回原 VHDL 程序输入时 QuartusⅡ的用户界面，修改程序中的错误，再保存并编译，直至编译通过。

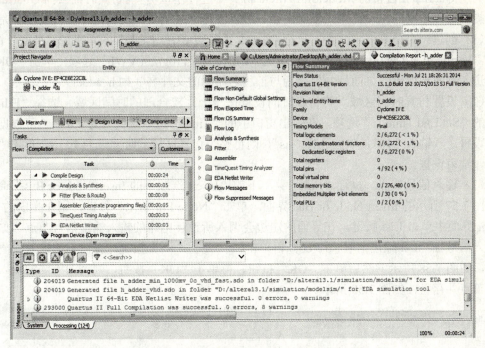

图 7.55　编译报告窗口（无错误）

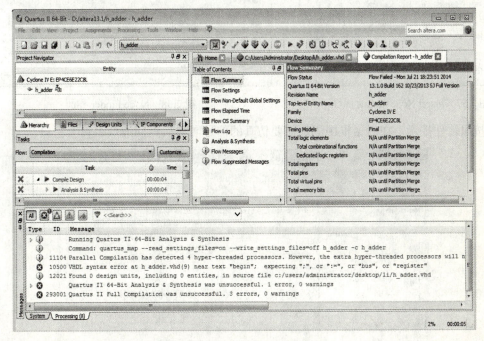

图 7.56　编译报告窗口（有错误）

• 205 •

4. 仿真设计文件

仿真是 EDA 技术的重要组成部分，也是对设计的电路进行功能和性能测试的有效手段。QuartusⅡ提供了功能强大硬件系统测试工具。电路仿真必须在电路的设计文件编译通过后进行。

利用 QuartusⅡ自带的 ModelSim-Altera 仿真器进行模拟仿真。仿真时需要向 QuartusⅡ仿真器提供输入激励向量，而输入激励向量一般以波形形式出现，仿真设计文件的步骤是：

（1）创建一个仿真波形文件。执行 QuartusⅡ主菜单中 "File" 菜单下的 "New" 命令，选择 "Verification/Debugging Files" 栏中的 "University Program VWF" 选项，单击 "OK" 按钮，进入到波形编辑器界面，并保存为与工程名相同的文件名（如 h_adder）。

（2）设置仿真时间区域。将仿真时间设置在一个比较合理的时间区域。选择 "Edit" 菜单中的 "Set End Time…" 选项，在弹出窗口中的 "Time" 栏中默认值为 1.0 μs，可根据需要进行设置，若输入 "10"，单位选择 "us"，则将整个仿真区域的时间设为 10 μs，单击 "OK" 按钮，结束设置。

（3）输入信号节点。执行 "Edit" 菜单下的 "Insert 选项下的 Insert Node or Bus" 命令，弹出图 7.57 所示的 Insert Node or Bus 界面。单击 "Node Finder…" 按键，则在弹出的 Node Finder 界面中单击 List 按键，在界面的左边会调入所设计电路的输入输出信号节点，如半加器输入信号 a、b 和输出信号 so、co。再单击 ">" 或 ">>" 按键选择所需的输入输出信号节点，如图 7.58 所示。然后单击 "OK" 按钮，再单击 "OK" 按钮，则调入所需的输入输出信号节点并存盘，如图 7.59 所示。

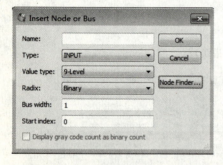

图 7.57 Insert Node or Bus 界面

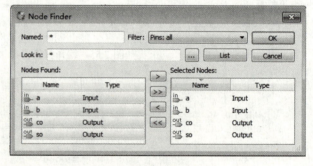

图 7.58 Node Finder 界面

按照软件提示，在对话框中添加需要仿真的信号名称后返回波形编辑器窗口。

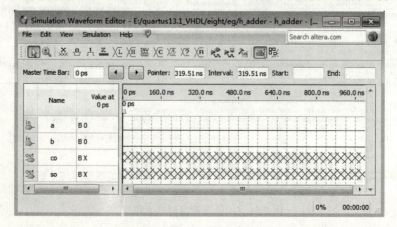

图 7.59 调入输入输出信号节点

（4）编辑输入节点波形。在波形编辑器中编辑输入信号节点的波形，也就是指定输入信号节点的逻辑电平变化。编辑输入信号节点波形的步骤是：首先单击 Name 栏中的一个输入节点，或在某一个输入信号上按下鼠标向右拉一段距离在释放鼠标就选中这输入的一部分；然后单击图形工具按钮，则根据要求可以编辑输入信号的波形。1 位半加器输入节点波形如图 7.60 所示。

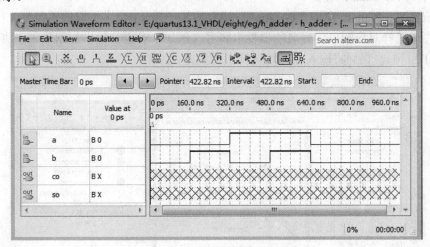

图 7.60　1 位半加器输入节点波形

（5）设计仿真。在 Simulation Waveform Editor 波形界面上的"Simulation"菜单下的"Run Functional Simulation"功能仿真命令，或单击 图标，启动功能仿真器；或者"Run Timing Simulation"时序仿真命令，或单击图标，启动时序仿真器，可得仿真结果如图 7.61 所示。由图 7.61 所示的 1 位半加器仿真波形可以看出，1 位半加器输入引脚 a、b 和输出引脚 co、so 之间的关系符合 1 位半加器功能，仿真结果正确。

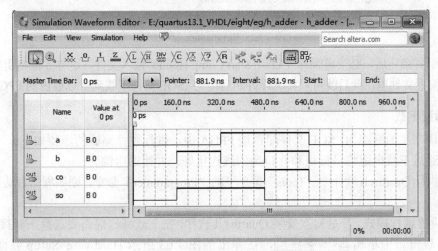

图 7.61　1 位半加器功能仿真结果

5. 引脚锁定

工程编译仿真都通过后，就可以将配置的数据下载到应用系统，下载之前首先要进行引脚锁定，保证锁定引脚与实际的应用系统相吻合。

假定 1 位半加器输入端 a、b 和输出端 co、so 分别锁定 EP4CE6E22C8 器件的 1、2 和

72、74 引脚。当然,也可以锁定其他引脚,这要和硬件测试配合,锁定步骤与此类似。

确定了锁定引脚编号后就可以完成以下的引脚锁定操作了:

(1)确认已经打开了工程(如 h_adder)。

(2)执行 Quartus II 主菜单中"Assignments"菜单下的"Pins Planner"命令,即进入如图 7.62 所示的 Pin Planner 窗口。

(3)双击 Pin Planner 窗口"Location"栏中的某一行(1 位半加器输入引脚 a 行),在出现的下拉栏中选择对应端口信号名的器件引脚号(例如,对应 1 位半加器输入引脚 a 选择器件的 PIN_1 引脚),直到将输入输出均选择引脚锁定。

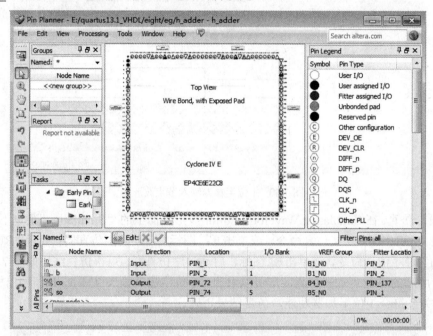

图 7.62　Pin Planner 窗口

(4)引脚锁定后,必须再编译(启动 Start Compilation)输入文件,这样才能将引脚锁定信息编译到编程文件里,此后就可以将编译好的后缀为 .SOF 文件下载到目标板内的 FPGA 中去。

6. 编程下载

将编译产生的后缀为 .SOF 文件配置进 FPGA 中,进行硬件测试的步骤如下:

(1)通过下载电缆将目标板和并口通信线连接好,并接通电源。

(2)执行 Quartus II 软件中"Tools"菜单下的"Programmer"命令,则编程器自动打开下载窗口。

(3)设置编程模式。若是初次安装 Quartus II 软件,在下载编程前需要选择下载接口方式。在编程下载窗口中单击 Hardware Setup,在弹出的图 7.63 所示 Hardware Setup 界面中选择"USB-Blaster"模式,关闭该窗口,编程下载窗口变成图 7.64 所示的编程下载窗口。

(4)编程下载。在图 7.64 所示的编程下载窗口中单击编程下载窗口中的"Start"按钮,软件自动将数据文件下载到 FPGA 中,当"Progress"显示为 100%时,下载结束。

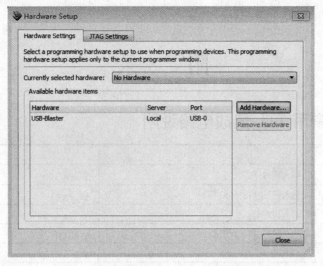

图 7.63　Hardware Setup 界面

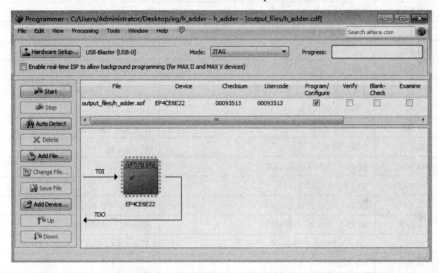

图 7.64　设置后的编程下载窗口

（5）硬件测试。成功下载 h_adder.sof 后,将实验箱中的逻辑开关连到 EP4CE6E22C8 器件的 1 和 2 引脚,表示一位半加器输入信号 a 和 b,将实验箱中的发光二极管（LED）连到 EP4CE6E22C8 器件的 72 和 74 引脚,表示一位半加器输出信号 co、so,按真值表逐项检查输入和输出的逻辑关系并对比仿真结果是否正确。

附　录

附录 A　部分常用 TTL 集成电路说明

序号	型号	名　称	说　明
1	74LS00	2 输入四与非门	$Y = \overline{AB}$
2	74LS01	2 输入四与非门（OC 门）	$Y = \overline{AB}$
3	74LS02	2 输入四或非门	$Y = \overline{A+B}$
4	74LS03	2 输入四与非门（OC 门）	$Y = \overline{AB}$
5	74LS04	六反相器	$Y = \overline{A}$
6	74LS08	2 输入四与门	$Y = AB$
7	74LS10	3 输入三与非门	$Y = \overline{ABC}$
8	74LS11	3 输入三与门	$Y = ABC$
9	74LS20	4 输入双与非门	$Y = \overline{ABCD}$
10	74LS21	4 输入双与门	$Y = ABCD$
11	74LS25	4 输入双或非门（带选通端）	$Y = \overline{G(A+B+C+D)}$
12	74LS27	3 输入三或非门	$Y = \overline{A+B+C}$
13	74LS30	8 输入与非门	$Y = \overline{ABCDEFGH}$
14	74LS32	2 输入四或门	$Y = A+B$
15	74LS42	BCD-十进制译码器（OC）	
16	74LS43	余 3 码-十进制译码器	
17	74LS47	BCD-七段译码器/驱动器	有效低，OC 输出
18	74LS48	BCD-七段译码器/驱动器	内有升压电阻输出
19	74LS51	2-2, 3-3 输入双或非门	$Y = \overline{AB+CD}, Y = \overline{ABC+DEF}$
20	74LS64	4-2-3-2 输入与或非门	
21	74LS73	双 JK 触发器	负沿触发，带清除端
22	74LS74	双 D 触发器	正沿触发，带预置、清除端
23	74LS75	4 位双稳锁存器	电源和地非标准
24	74LS76	双 JK 触发器	
25	74LS82	2 位二进制全加器	
26	74LS83	4 位二进制全加器	快速进位
27	74LS86	2 输入四异或门	$Y = A \oplus B$
28	74LS90	二、五分频（十进制计数器）	电源和地非标准
29	74LS92	二、六分频（十二进制计数器）	电源和地非标准
30	74LS93	二、八分频（四位二进制计数器）	电源和地非标准
31	74LS95	4 位移位寄存器	
32	74LS106	双 JK 触发器	
33	74LS107	双下降沿 JK 触发器	
34	74LS112	双 JK 触发器	负沿触发，带预置、清除端

续表

序号	型号	名称	说明
35	74LS121	单稳多谐振荡器	单个单稳，不可再重触发
36	74LS122	可再触发单稳多谐振荡器	单个单稳，可再重触发
37	74LS123	可再触发双单稳多谐振荡器	双单稳，可再重触发
38	74LS125	四总线缓冲门	Y=A
39	74133	13 输入与非门	$Y = \overline{ABCDEFGHIJKLM}$
40	74LS138	3-8 线译码器	有效低输出
41	74LS139	2-4 线译码器	有效低输出
42	74LS145	BCD-十进制译码器/驱动器	有效低输出
43	74147	10 线十进制-4 线 BCD 优先编码器	低有效输入
44	74LS148	8-3 线八进制优先编码器	低有效输入
45	74LS150	16-1 选择器	
46	74LS151	8 选 1 数据选择器	原码、反码输出
47	74LS153	双 4 选 1 数据选择器	
48	74154	4-16 线译码器	有效低输出
49	74LS157	四 2 选 1 数据选择器	带选通端
50	74LS160	十进制同步 4 位计数器	直接清除
51	74LS161	二进制同步 4 位计数器	直接清除
52	74LS164	8 位并行输出串行输入移位寄存器	异步清零
53	74LS168	十进制 4 位可逆同步计数器	动态进位输出
54	74LS169	4 位二进制可逆计数器	
55	74LS174	六 D 触发器（单边输出）	公共直接清除端
56	74LS175	四 D 触发器（补码输出）	公共直接清除端
57	74LS183	双进位保存全加器	有进位输入/输出
58	74LS184	BCD-二进制转换器	
59	74LS185	二进制-BCD 转换器	
60	74LS190	BCD 码同步计数器	可逆计数
61	74LS191	二进制计数器	可逆计数
62	74LS192	BCD 码同步双时钟计数器	可逆，带清除端
63	74LS193	二进制同步双时钟计数器	可逆，带清除端
64	74LS194	4 位双向移位寄存器	可左、右移位，预置数
65	74LS196	十进制可预置计数器	
66	74LS197	二进制可预置计数器	
67	74LS198	8 位双向移位寄存器	
68	74LS221	双单稳态触发器	
69	74LS244	八缓冲器/线驱动接收器	三态输出
70	74LS247	BCD-七段译码器/驱动器	与共阳显示器配套
71	74LS248	BCD-七段译码器/驱动器	与共阴显示器配套
72	74LS273	八 D 触发器（公共时钟）	单边输出，上升沿触发
73	74LS279	四 RS 锁存器	
74	74LS290	十进制计数器（二、五分频）	标准电源和地，下降沿触发
75	74LS293	4 位二进制计数器（二、八分频）	标准电源和地，下降沿触发
76	74LS386	四 2 输入异或门	
77	74LS390	双十进制计数器（二、五进制或 BCD）	标准电源和地，下降沿触发

附录 B 部分常用 CMOS 集成电路说明

序号	型号	名称	说明
1	CD4001(CC4001)	2输入四或非门	$Y=\overline{A+B}$
2	CD4002(CC4002)	4输入二或非门	$Y=\overline{A+B+C+D}$
3	CC4008	4位二进制全加器	
4	CC4009	六反相器、转换器	
5	CD4011(CC4011)	2输入四与非门	$Y=\overline{AB}$
6	CC4012	4输入双与非门	
7	CC4013	双上升沿D触发器	
8	CD4015(CC4015)	串入-并出移位寄存器	双四位,公共CP端,带清零
9	CD4017(CC4017)	十进制计数/分配器	CP上升沿移位,公共端清零
10	CC4022	八进制计数器/脉冲分配器	
11	CC4023	3输入三与非门	$Y=\overline{ABC}$
12	CC4025	3输入三或非门	$Y=\overline{A+B+C}$
13	CC4027	双JK触发器	
14	CC4028	4-10线译码器	
15	CC4029	可预置可逆计数器	
16	CC4030	四异或门	$Y=A\oplus B\oplus C\oplus D$
17	CD4043(CC4043)	RS锁存触发器	三态
18	CD4049(CC4049)	六反相型缓冲/变换器	接口电路,电平变换
19	CC4051	8选1模拟开关	
20	CC4052	双4选1模拟开关	
21	CC4055	4-7线译码器	
22	CC4056	BCD-七段译码/驱动	
23	CD4060(CC4060)	14位二进制串行计数器/分频器	10个输出端公共清零
24	CC4066	四双向模拟开关	
25	CC4068	八输入与非门/与门	$Y=\overline{ABCDEFGH}$
26	CD4069(CC4069)	六反相器	$Y=\overline{A}$
27	CC4070	四异或门	$Y=A\oplus B\oplus C\oplus D$
28	CC4071	2输入四或门	$Y=A+B$
29	CC4072	4输入双或门	$Y=A+B+C+D$
30	CC4073	3输入三与门	$Y=ABC$
31	CC4075	3输入三或门	$Y=A+B+C$
32	CC4081	2输入四与门	$Y=AB$
33	CC4082	4输入双与门	$Y=ABCD$
34	CD4093(CC4093)	2输入四施密特触发器	
35	CC4098	双单稳多谐振荡器	
36	CC40106	六施密特触发器	
37	CC40110	十进制加减计数/七段译码器	

续表

序号	型号	名称	说明
38	CC40147	10-4 线优先编码器	
39	CC40161	4 位二进制同步计数器	
40	CC40163	4 位二进制同步计数器	
41	CC40174	六 D 触发器	
42	CC40192	十进制同步加/减计数器	
43	CC40193	二进制可逆计数器	
44	CC40194	4 位双向移位寄存器	
45	CC4504	六电平移位器	
46	CC4511	4-7 线段锁存译码器/驱动器	
47	CC4514	4-16 线译码器	
48	CC4516	4 位二进制同步加/减计数器	
49	CD4518(CC4518)	BCD 码同步加计数器	上升沿或下降沿触发
50	CC4520	双 4 位二进制同步计数器	
51	CC1403	基准电压源	
52	CC7366	五段 LED 显示器	
53	CC14547	4 线七段译码器/驱动器	
54	MC14500（5G14500）	工业控制单元 ICU	16 条指令，一位数据总线
55	MC14512（5G14512）	可寻址 8 位数据选择器	一位机输入选择
56	MC14516（5G14516）	可预置 4 位二进制可逆计数器	上升沿触发，一位机程序计数器
57	MC14599（5G14599）	8 位可寻址双向锁存器	一位机输出及暂存
58	MC145026	编码器	
59	MC145027	译码器	
60	555（NE555）	定时器电路	组成单稳、施密特、RS 触发器、振荡器等
61	ICM7555（CC7555）	定时器电路	组成单稳、施密特、RS 触发器、振荡器等
62	ADC0809	A/D 转换器	8 路模拟量输入
63	DAC0832	D/A 转换器	8 路数字量输入
64	ICL8038	函数发生器	
65	CL002（CH283L）	CMOS-LED 组合电路	译码、驱动、显示
66	CL102（CH284L）	CMOS-LED 组合电路	计数、译码、驱动、显示

附录 C 部分 TTL 集成电路引脚排列

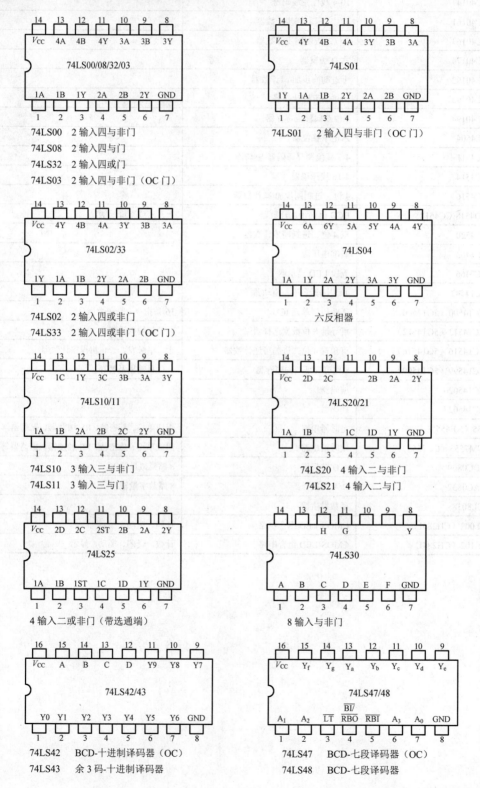

74LS00　2 输入四与非门
74LS08　2 输入四与门
74LS32　2 输入四或门
74LS03　2 输入四与非门（OC 门）

74LS01　2 输入四与非门（OC 门）

74LS02　2 输入四或非门
74LS33　2 输入四或非门（OC 门）

六反相器

74LS10　3 输入三与非门
74LS11　3 输入三与门

74LS20　4 输入二与非门
74LS21　4 输入二与门

4 输入二或非门（带选通端）

8 输入与门

74LS42　BCD-十进制译码器（OC）
74LS43　余 3 码-十进制译码器

74LS47　BCD-七段译码器（OC）
74LS48　BCD-七段译码器

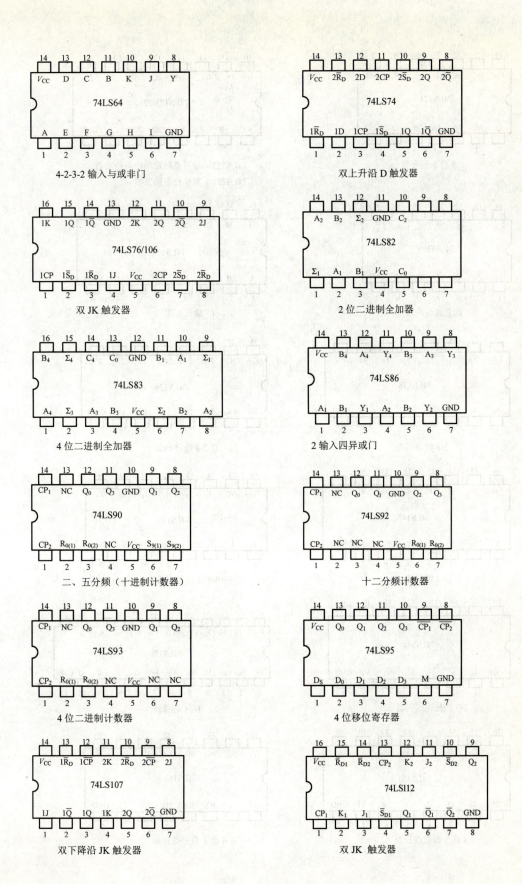

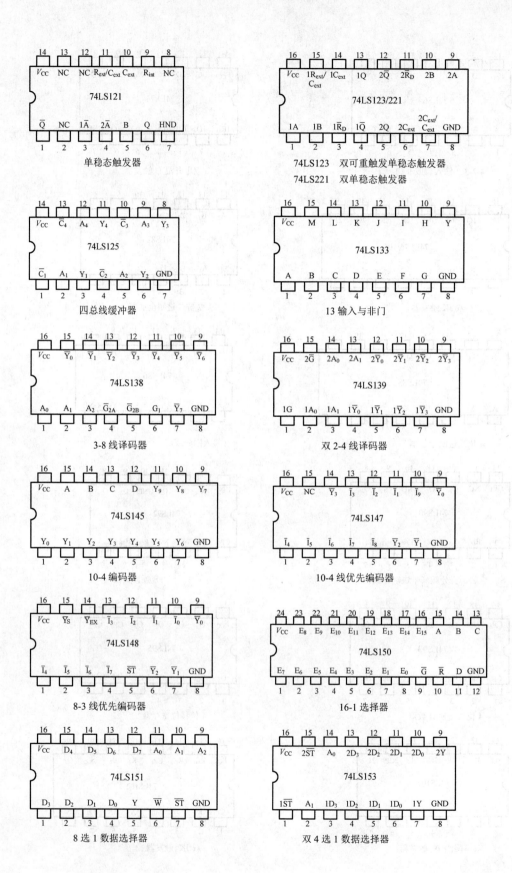

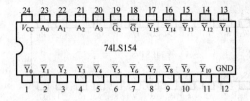

4-16 线译码器

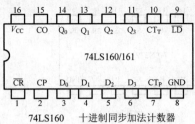

74LS160　十进制同步加法计数器
74LS161　4位二进制同步加法计数器

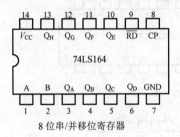

8位串/并移位寄存器

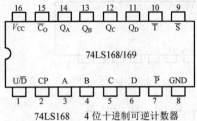

74LS168　4位十进制可逆计数器
74LS169　4位二进制可逆计数器

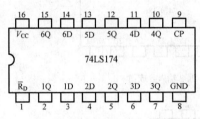

六D触发器

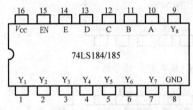

74LS184　BCD-二进制转换器
74LS185　二进制-BCD转换器

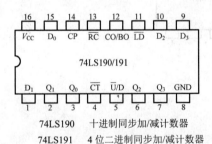

74LS190　十进制同步加/减计数器
74LS191　4位二进制同步加/减计数器

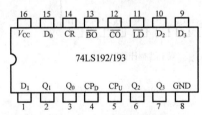

74LS192　十进制同步加/减计数器
74LS193　4位二进制同步加/减计数器

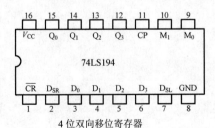

4位双向移位寄存器

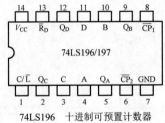

74LS196　十进制可预置计数器
74LS197　二进制可预置计数器

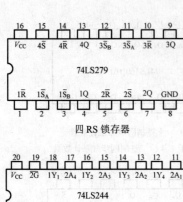
四 RS 锁存器

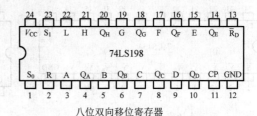
八位双向移位寄存器

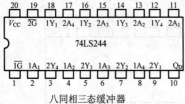
八同相三态缓冲器

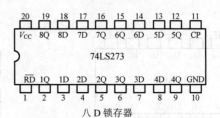
八 D 锁存器

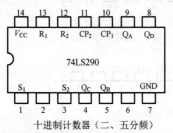
十进制计数器（二、五分频）

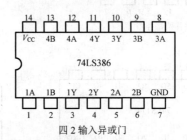
四 2 输入异或门

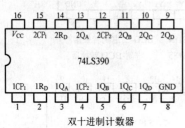
双十进制计数器

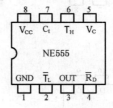

附录 D 部分 CMOS 集成电路引脚排列

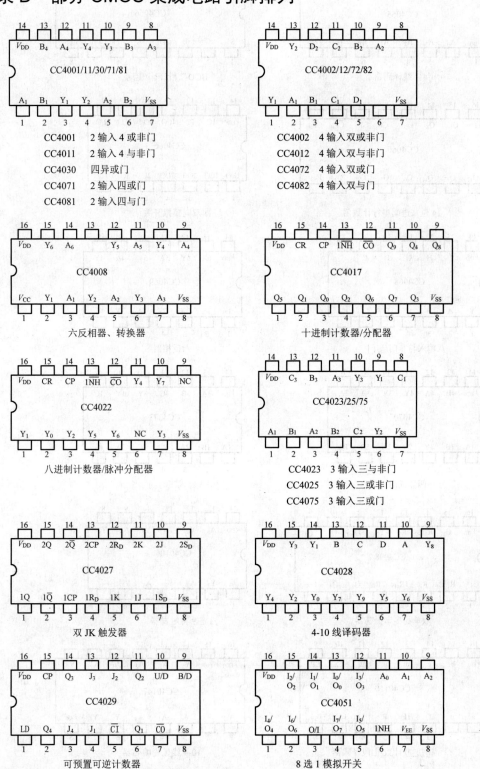

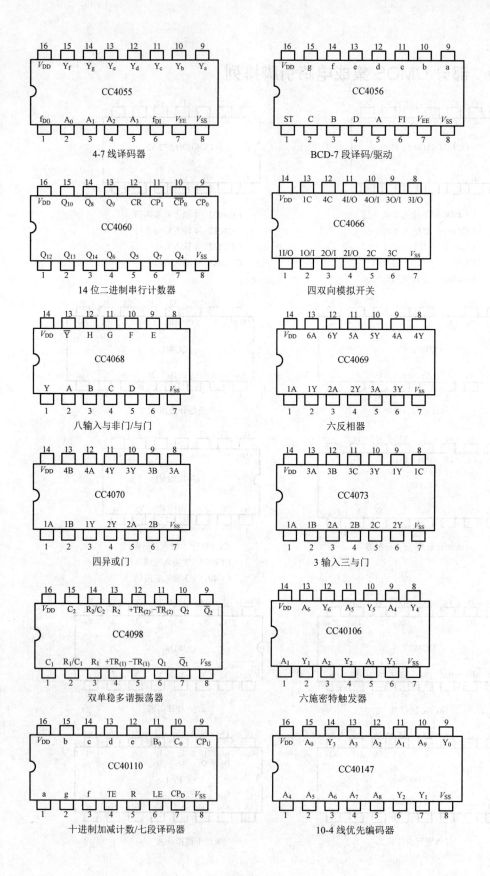

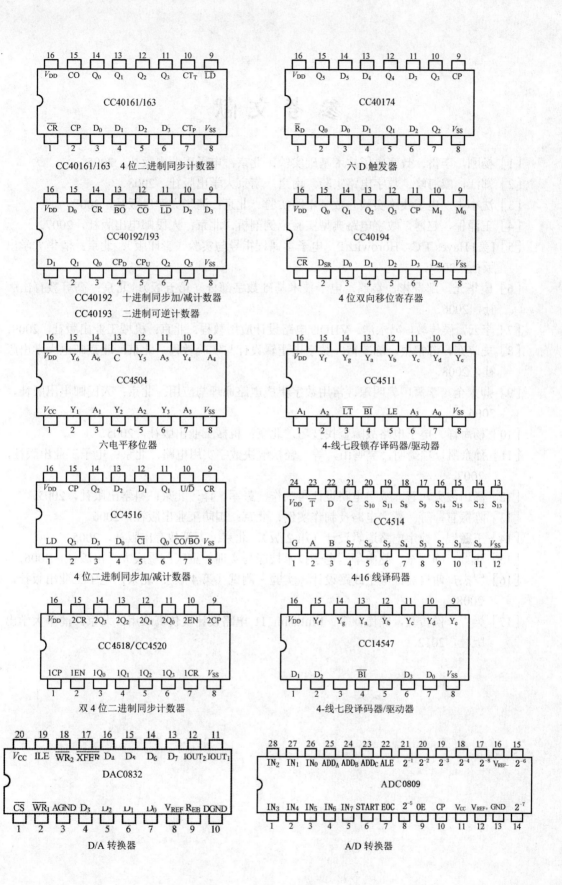

参 考 文 献

[1] 杨刚,李雷. 数字电子技术基础实验. 北京:电子工业出版社,2005.
[2] 郑江,戚海峰. 数字电路实验. 南京:南京大学出版社,2008.
[3] 沈小丰. 电子线路实验—数字电路实验. 北京:清华大学出版社,2007.
[4] 王泽保,赵博. 数字电路典型实验范例剖析. 北京:人民邮电出版社,2007.
[5] [美] Hayes T C,Horowitz P. 电子学课程指导与实验(影印版). 北京:清华大学出版社,2003.
[6] 康华光,邹寿彬,秦臻. 电子技术基础数字部分(第五版). 北京:高等教育出版社,2006.
[7] 李云,侯传教,冯永浩. VHDL 电路设计应用教程. 北京:机械工业出版社,2009.
[8] 史晓东,苏福根,陈凌霄. 数字电逻辑设计与实验教程. 北京:北京邮电大学出版社,2008.
[9] 卿太全,李萧,郭明琼. 常用数字集成电路原理与应用. 北京:人民邮电出版社,2006.
[10] 杨海洋. 电子电路故障查找技巧. 北京:机械工业出版社,2005.
[11] 孙余凯,项绮明,吴鸣山,等. 轻松解决数字实用电路. 北京:电子工业出版社,2007.
[12] 汤山俊夫,著. 数字电路设计与制作. 彭军,译. 北京:科学出版社,2005.
[13] 陈振官,等. 数字电路及制作实例. 北京:国防工业出版社,2006.
[14] 王毓银. 数字电路逻辑设计(第2版). 北京:高等教育出版社,2005.
[15] 唐颖,陈铁军,赵中华. 电子技术技能与实训. 重庆:重庆大学出版社,2006.
[16] 罗杰,谢自美. 电子线路设计·实验·测试(第4版). 北京:电子工业出版社,2008.
[17] 梁青,侯传教,熊伟,等. Multisim 11 电路设计及仿真应用. 北京:清华大学出版社,2012.